日本音響学会 編

音響入門シリーズ A-4

音 と 生 活

工 学 博 士	橘　　秀樹	博士（工学）	田中ひかり
博士（工学）	上野佳奈子	博士（工学）	横山　　栄
博士（芸術工学）	船場ひさお		

共著

コロナ社

音響入門シリーズ編集委員会

編集委員長

羽田　陽一（電気通信大学）

編 集 委 員（五十音順）

大賀　寿郎（芝浦工業大学名誉教授）　　鈴木　陽一（東北大学）
須田　宇宙（千葉工業大学）　　　　　　橘　　秀樹（東京大学名誉教授）
平原　達也（富山県立大学）　　　　　　誉田　雅彰（早稲田大学）
柳田　益造（同志社大学名誉教授）　　　矢野　博夫（千葉工業大学）

（2016年2月現在）

刊行のことば

　われわれは，さまざまな「音」に囲まれて生活している。音楽のように生活を豊かにしてくれる音もあれば，騒音のように生活を脅かす音もある。音を科学する「音響学」も，多彩な音を対象としており，学際的な分野として発展してきた。人間の話す声，機械が出す音，スピーカから出される音，超音波のように聞こえない音も音響学が対象とする音である。これらの音を録音する，伝達する，記録する装置や方式も，音響学と深くかかわっている。そのために，「音響学」は多くの人に興味をもたれながらも，「しきいの高い」分野であるとの印象をもたれてきたのではないだろうか。確かに，初心者にとって，音響学を系統的に学習しようとすることは難しいであろう。

　そこで，日本音響学会では，音響学の向上および普及に寄与するために，高校卒業者・大学1年生に理解できると同時に，社会人にとっても有用な「音響入門シリーズ」を出版することになった。本シリーズでは，初心者にも読めるように想定されているが，音響以外の専門家で，新たに音響を自分の専門分野に取り入れたいと考えている研究者や技術者も読者対象としている。

　音響学は学際的分野として発展を続けているが，音の物理的な側面の正しい理解が不可欠である。そして，その音が人間にどのような影響を与えるかも把握しておく必要がある。また，実際に音の研究を行うためには，音をどのように計測して，制御するのかを知っておく必要もある。そのための背景としての各種の理論，ツールにも精通しておく必要がある。とりわけ，コンピュータは，音響学の研究に不可欠な存在であり，大きな潜在性を秘めているツールである。

　このように音響学を学習するためには，「音」に対する多角的な理解が必要である。本シリーズでは，初心者にも「音」をいろいろな角度から正しく理解

していただくために，いろいろな切り口からの「音」に対するアプローチを試みた．本シリーズでは，音響学にかかわる分野・事象解説的なものとして，「音響学入門」，「音の物理」，「音と人間」，「音と生活」，「音声・音楽とコンピュータ」，「楽器の音」の 6 巻，音響学的な方法にかかわるものとして「ディジタルフーリエ解析（I）基礎編，（II）上級編」，「電気の回路と音の回路」，「音の測定と分析」，「音の体験学習」の 5 巻（計 11 巻）を継続して刊行する予定である．各巻とも，音響学の第一線で活躍する研究者の協力を得て，基礎的かつ実践的な内容を盛り込んだ．

　本シリーズでは，各種の音響現象を視覚・聴覚で体験できるコンテンツを収めた CD-ROM を全巻に付けてある．また，読者が自己学習できるように，興味を持続させ学習の達成度が把握できるように，コラム（歴史や人物の紹介），例題，課題，問題を適宜掲載するようにした．とりわけ，コンピュータ技術を駆使した視聴覚に訴える各種のデモンストレーション，自習教材は他書に類をみないものとなっている．執筆者の長年の教育研究経験に基づいて制作されたものも数多く含まれている．ぜひとも，本シリーズを有効に活用し，「音響学」に対して系統的に学習，理解していただきたいと願っている．

　音響入門シリーズに飽きたらず，さらに音響学の最先端の動向に興味をもたれたら，日本音響学会に入会することをお勧めする．毎月発行する日本音響学会誌は，貴重な情報源となるであろう．学会が開催する春秋の研究発表会，分野別の研究会に参加されることもお勧めである．まずは，日本音響学会のホームページ（http://www.asj.gr.jp/）をご覧になっていただきたい．

2013 年 2 月

　　　　　　　　　　　一般社団法人　日本音響学会 音響入門シリーズ編集委員会
　　　　　　　　　　　　　　　　　　　　　　　　　　　　　編集委員長

まえがき

『音響入門シリーズ』は，音の物理，音の知覚，さらには音の分析方法などについて，基礎事項をやさしく解説することを目的としている。このシリーズの一冊として，私たちが生活をしているいろいろな空間（場）における音についても，どのようなことが重要で，何が問題になっているか，またそのためにどのような対策や工夫がなされているかについてまとめておくことも有益と考え，本書が企画された。その内容の概要は以下のとおりである。

1章では，序論として音のもつ意味を情報性，文化性，社会性に分けて考察する。言うまでもなく，私たちは音によって外界の様子を知り，いろいろな情報をやり取りし，また音楽などを文化として楽しんでいる。その反面，生活のうえで音が邪魔になって生活の質が損なわれることもある。このように，生活の場における音については多面的にとらえる必要があることを述べる。またこの章では，本書を通して頻繁に出てくる基礎的な用語も説明する。

2章では，日常生活の基本である住宅における音の問題を取り上げる。住宅では，外部からの音に煩わされず，睡眠や憩いの時間がもてることが大切で，そのためには住宅は外部からの音を適度に遮断できる性能を備えていなければならない。特に集合住宅では，異なる家族が壁（床）一枚を隔てて生活しているわけで，互いの間で音の問題が生じやすい。また，最近では建築設備や家電製品の種類も増え，その中には騒音や振動の問題を引き起こすものも多く含まれている。この章では，このような住宅における音環境を快適にしていくために，どのような工夫がなされているかについて述べる。

3章では，子どもたちの知的，身体的な成長の過程で重要な場である学校の音環境について述べる。学校の立地条件はさまざまで，外部騒音が教育の場に必要な静けさを損ねている場合もある。また，学校における教育活動の内容は

きわめて多様で，その中には大きな音を出すものもあるが，それが他の活動の妨げとなってはならない。そのような良好な音の環境を実現するために，学校の計画・設計ではどのような点に注意を払うべきかについて述べる。

4章では，公共空間の音の問題を取り上げる。私たちの多くは，通勤や通学で鉄道の駅などを利用する。また，買い物や娯楽のために大規模な商業施設を訪れる。このような空間は，行き交う人々の声や歩行音，スピーカから流れるアナウンスや音楽などで賑やかな環境になっているが，場所によってはきわめて喧噪感が高く，会話や電話もしにくいこともある。また，駅や空港ターミナルなどでは，音響情報として重要な放送のアナウンスが空間の響きや周囲の音によって聞き取りにくくなっているケースも少なくない。このような公共空間の音環境を改善する必要性と，そのための音響工学の分野における研究の進め方について考える。

5章ではホールを取り上げる。これはあまり日常的な生活空間とはいえないが，音をエンジョイするための空間として重要で，建築音響学の分野では最も興味のある研究対象の一つとなっている。"コンサートホールは最大の楽器である"といわれるとおり，演奏会形式のクラシック音楽では，楽器や歌唱の音に空間の響きが加わり，潤いのある音楽となる。この章では，このような音楽芸術を支えるための音響学について，ホールの響きという基本的な問題から，ホールの設計の流れ，設計のための音響シミュレーションなどについて述べる。

6章では，生活環境の質に大きくかかわる環境騒音の問題を取り上げる。今や各種の交通機関は私たちの生活のうえで欠かせないものとなっているが，その半面，それらが発する騒音が生活の質を損ねる原因ともなっている。激甚な騒音は，健康にも直接的な影響を及ぼす。工場などの産業施設や建設工事なども必要不可欠なものであるが，その周辺では騒音や振動がしばしば環境問題となっている。これらの問題のうち，この章では道路，鉄道，航空機による騒音を取り上げ，それを低減するための技術開発の現状と行政的な対応について述べる。

7章では，新たな音環境のとらえ方として，サウンドスケープ（soundscape）

について紹介する．この言葉は，景観（landscape）の連想から提案された概念で，音の風景，すなわち，私たちを取り巻く環境の中に存在するあらゆる音に耳を傾け，その意味や心象性を改めて客観的に評価してみようという態度である．

2016 年 9 月

著　者

執 筆 分 担

橘　　秀樹	1章，5章，6章
田中ひかり	2章
上野佳奈子	3章
横山　　栄	4章
船場ひさお	7章

付録の CD-ROM について

　本書では，「音と生活」というテーマでさまざまなことがらについて初学者向けにていねいに説明をすることを心掛けた．しかし，音に関することがらは文章だけで伝えることは難しい．いくつかの項目について，CD-ROM に音や動画を収録してあるので，自分の目で見て，耳で聴いて確かめてほしい．

　CD-ROM に収録してあるコンテンツについては，本文中に◉マークで示されている．以下がコンテンツの一覧である．

1. 壁を通して聞こえる音【2.1.3項】
2. オープンプラン教室における音の伝搬【3.2.3項】
3. トンネル内の非常放送設備【4.5.2項】
4. 広域防災無線の放送音【4.5.3項】
5. ホールの響き【5.2節】
6. ホールの基本形状の比較【5.3節】
7. ホールの拡散デザイン【5.3節】，【5.6.3項】，【5.6.4項】
8. ホールの1/10縮尺音響模型実験【5.6.4項】
9. 掃引パルス法による室のインパルス応答の測定【5.6.5項】
10. タイヤ・路面騒音【6.5.1項】
11. 遮音壁まわりの音の回折【6.5.1項】
12. 鉄道騒音の測定【6.5.2項】

目　　　　次

1. 生活の中の音

1.1　概　　　論……………………………………………………………1
1.2　基　礎　事　項………………………………………………………4
　1.2.1　レベル（デシベル）表示……………………………………4
　1.2.2　音に関するレベル表示………………………………………5
　1.2.3　音の大きさの評価……………………………………………6
　1.2.4　騒音計（サウンドレベルメータ）…………………………9
　1.2.5　周 波 数 分 析…………………………………………………10
　1.2.6　音 の 伝 搬………………………………………………………12
　1.2.7　残 響 時 間………………………………………………………13

2. 住宅における音

2.1　遮 音 の 基 本…………………………………………………………17
　2.1.1　質　量　則………………………………………………………17
　2.1.2　コインシデンス効果……………………………………………19
　2.1.3　二重壁の遮音特性………………………………………………20
　2.1.4　複数の部材で構成される壁の遮音……………………………24
2.2　外周壁の遮音…………………………………………………………26
　2.2.1　外　　　壁………………………………………………………27
　2.2.2　窓…………………………………………………………………27
2.3　2室間の遮音…………………………………………………………29
　2.3.1　室間音圧レベル差………………………………………………29

2.3.2　2室間の遮音性能の測定・評価方法……………………30
2.4　固 体 伝 搬 音……………………………………………31
　　2.4.1　建築設備機器などからの固体伝搬音………………32
　　2.4.2　ピアノによる固体伝搬音……………………………35
　　2.4.3　床 衝 撃 音……………………………………………35
2.5　室 内 の 響 き……………………………………………40
2.6　その他の音の問題………………………………………40
　　2.6.1　風 騒 音…………………………………………41
　　2.6.2　熱伸縮による音………………………………………42
　　2.6.3　き し み 音……………………………………………43
2.7　快適な住環境を目指して…………………………………44

3.　学校における音

3.1　教室における音の重要性…………………………………46
　　3.1.1　教室の音環境の必要条件……………………………46
　　3.1.2　音が問題となっている事例…………………………48
3.2　学校の音響計画・設計……………………………………52
　　3.2.1　計画段階で必要な音響的配慮………………………52
　　3.2.2　諸室に必要な音響性能と設計の概略………………56
　　3.2.3　特に音響的配慮を要する室の設計…………………60
3.3　よりよい音環境づくりに向けて…………………………68

4.　公共空間における音

4.1　公共空間における音響特性の実態………………………71
4.2　実験室における聴感実験…………………………………73
4.3　公共空間における音響情報の流れ………………………77
4.4　公共空間の総合的設計手法の考え方……………………78

4.5 可聴化シミュレーションによる検討事例……………………………80
　4.5.1 公共空間における放送アナウンス音の了解性………………80
　4.5.2 トンネル内の非常放送の明瞭性………………………………83
　4.5.3 屋外拡声による音声放送の聞き取りやすさ…………………85
4.6 今後の課題……………………………………………………………88

5. ホールにおける音

5.1 音 の 昔 話……………………………………………………………89
　5.1.1 鳴き竜（フラッターエコー）……………………………………89
　5.1.2 ささやきの回廊……………………………………………………90
　5.1.3 音 の 焦 点……………………………………………………91
　5.1.4 壺 の 共 鳴……………………………………………………92
5.2 ホールの響き…………………………………………………………95
5.3 ホールの種類と形……………………………………………………96
5.4 ホールの響きの評価…………………………………………………101
5.5 演奏者のためのホールの響き………………………………………104
5.6 ホールの音響設計……………………………………………………105
　5.6.1 基 本 計 画……………………………………………………105
　5.6.2 基 本 設 計……………………………………………………105
　5.6.3 実 施 設 計……………………………………………………106
　5.6.4 音響シミュレーションによる音響効果の検討…………………110
　5.6.5 完成後の音響測定…………………………………………………115

6. 環 境 騒 音

6.1 環境騒音の種類と特徴………………………………………………117
6.2 環境騒音の評価………………………………………………………119
6.3 時間的に変動する騒音の評価………………………………………120

x　　目　　　次

　6.3.1　最大騒音レベル（L_{AFmax}, L_{ASmax}）……………………………120
　6.3.2　時間率騒音レベル（$L_{AN,T}$）………………………………………120
　6.3.3　騒音暴露レベル（$L_{AE,T}$）…………………………………………121
　6.3.4　等価騒音レベル（時間平均騒音レベル）（$L_{Aeq,T}$）……………122
6.4　環境騒音に関する法律・基準………………………………………………124
6.5　交　通　騒　音………………………………………………………………125
　6.5.1　道　路　騒　音………………………………………………………125
　6.5.2　鉄　道　騒　音………………………………………………………137
　6.5.3　航　空　機　騒　音…………………………………………………144

7．サウンドスケープ（音の風景）

7.1　サウンドスケープの概念と思想……………………………………………149
　7.1.1　サウンドスケープとは：マリー・シェーファーのサウンドスケープ論……149
　7.1.2　日本におけるサウンドスケープの歴史と展開……………………153
7.2　サウンドスケープの思想に基づくさまざまな活動………………………156
　7.2.1　行政による活動…………………………………………………………156
　7.2.2　サウンド・エデュケーションの取組み……………………………160
7.3　サウンドスケープ・デザインと音環境デザイン…………………………161
　7.3.1　施設計画・まちづくりへの応用………………………………………162
　7.3.2　音環境のユニバーサルデザインへの展開……………………………169

引用・参考文献………………………………………………………………………172
索　　　　引…………………………………………………………………………175

1 生活の中の音

1.1 概　　論

　音は物理的には単なる空気の振動であるが，これによって動物は外界の様子を察知したり，仲間の間でいろいろな情報を交換している。視力が退化したコウモリは，自ら音（超音波を含む）を発してその反射で障害物や獲物を察知する能力（エコーロケーション）をもっていることはよく知られている。動物一般を対象とした音の問題は，生物音響学の分野で盛んに研究されている。

　人間にとっての音の役割や意味についての一つの見方として，図 1.1 に示すように（a）情報性，（b）文化性，（c）社会性に大別してみる。

外界からの情報の察知，言語によるコミュニケーション，知識の体系化・概念化

（a）情　報　性

音楽芸術，
サウンドスケープ

（b）文　化　性

運輸・経済，利便性と環境保全の整合

（c）社　会　性

図 1.1　人間にとっての音の役割や意味

（a）の情報性については，一般の動物と同様に人間も音によって外界の状況を察知しているが，さらに言語を通して，高次の情報の伝達・交換をしている。これはきわめて日常的なことで，ことさら重要と意識することはあまりないが，改めて考えてみると，音という媒体が人間にとってきわめて重要な役割を果たしている。人間は幼児の頃から言語を習得し，それによって家族，さらに広く身の回りの人たちとの意思疎通が行えるようになる。その場合，単に意思疎通のためだけでなく，言語によって知識の蓄積，抽象概念の構成など高次の知的構造が形成される。この過程で，聴覚障害をもつ幼児・児童は大きなハンディキャップを負っている。自ら聴覚，視覚のハンディキャップを背負いながら教育・福祉の面で大きな功績を残したヘレン・ケラー（Helen Adams Keller）が，晩年に「やはり音を聞いてみたかった」と言ったことは有名で，音がいかに重要であるかを改めて認識させられる。聴覚健常者ではこのような音の大切さをことさら実感することはあまりないが，無意識のうちにも音によって周囲の人たちと意思疎通を行い，例えば学校の授業・講義などでは音は重要な役目を果たしている。日常生活でもラジオやテレビ，携帯電話などで音響情報に大きく依存している。また地震や津波，火事などの非常事態の際にも，適切な情報の伝達や避難誘導などで音の役割はきわめて大きい。一方，最近の都市部の施設を見ると，多種多様な音がスピーカから流れ，さながら音の氾濫の状況を呈しているケースも少なくない。鉄道の駅では，発車を知らせる音楽，アナウンス音，各種のサイン音など，本当に必要な音かどうかを見直してみる必要もありそうである。

つぎに，（b）の文化性について考えると，これはいうまでもなく音楽がすぐ頭に浮かぶ。イルカなどの動物も歌のようにも聞こえる声を出しているが，これは原始的な情報交信の域を出ないであろう。感情の発露としての音，楽しむための音，壮麗な儀式の雰囲気を演出するための音ということで，私たちは音楽という人間ならではの音の利用のしかたを獲得してきた。また，地域に密着した自然の音を文化的な情緒感をもって聞くこともある。例えば，日本人は夏のセミや秋のすだく虫の音に季節感を感じ，それを文学的要素として俳句な

どにも取り入れてきている．ただし，このような感覚は地域の気候風土とも密接な関係にあり，北方の国など鳴く虫がいない地域で育った人には，虫の音も単なる騒音にしか聞こえないということもある．

（c）の社会性というのは内容がやや複雑である．人間がある地域に集まって生活空間が形成されると，互いが出す音（声だけでなく，現在では生活に伴って発生する人工的な音も含む）が情報性をもつと同時に，場合によっては生活のうえで互いに邪魔し合うこともある．ペットの鳴き声まで，騒音規制の対象としている国もある．

また，現在では各種の交通機関が発達し，私たちはそれによって大きな利便を得ているが，一方でそれらが出す音（交通騒音）が会話やラジオ・テレビなどの聴取の邪魔になったり，睡眠の妨害要因になるなど，生活環境の質（quality of life：QOL）を低下させることもある．最近では，再生エネルギー利用の一手段として風力発電が注目されているが，風車の近くではその発生騒音が問題となっている．このように，音には社会的側面もあることを十分に認識する必要がある．音響学の一分野として，社会音響学とも呼ぶべき重要な課題が多くある．

以上に述べたことは，ひとまず音の意味性を三つに分けた場合の話であるが，なかには相互にまたがる内容も多い．音楽でも，演奏家が自らの芸術的感興を聴衆の感情に訴えるという意味では情報性をもつともいえる．オートバイや自動車で，大きな音を出すためにマフラー（消音器）を改造することが一部で行われているが，本人にとっては心地よい音でも，沿道の住人にとっては迷惑このうえない騒音となる．

各種の感覚のうち，音を主題とする本書では主に聴覚に着目するが，実際には他の感覚と相補的に働く機能，すなわちマルチモーダル性も重要である．例えば，非常時の避難誘導などの際には視覚と聴覚の相補的な機能を最大限に利用する工夫が必要である．また，3章で述べる学校における授業などの教育の場を考えても，視覚と聴覚を駆使して情報の授受をしているわけである．音楽を聴く場合には聴覚が主役といえるが，コンサートホールで生演奏を楽しむ場

合には視覚も大きな働きをしている。さらに演劇やオペラとなると，視覚と聴覚の両方を駆使している。上に述べた風力発電施設の騒音については，騒音だけでなく風車が目に見えることも，近隣住民には大きな影響を与えていることが指摘されている。

「音と生活」と題する本書では，私たちの日常生活の場で音がどのような意味をもっているか，住環境を快適にするうえでどのような工夫が必要かなどについて，いろいろな場や状況ごとに述べる。本書では取り上げないが，私たちの生活環境としては，工場やオフィスなどの職場環境，病院や図書館などの公共的な施設もあり，それらの空間でも音は重要である。これらの音環境についても，現在多くの調査や研究が進められている。

1.2 基礎事項

本書ではいろいろな生活環境における音の問題を取り上げるが，その中に出てくる重要な用語については，本章で基礎事項としてまとめておく。

1.2.1 レベル（デシベル）表示

ある量を表す場合，その絶対値 Q で表す方法以外に，一定の基準値 Q_0 を約束しておき，それに対する比 Q/Q_0 で表すこともできる。さらにその常用対数の10倍，すなわち

$$L = 10 \log_{10} \frac{Q}{Q_0} \quad [\text{dB}] \tag{1.1}$$

の形で表示した値を一般に**レベル**（level）という[†]。レベルは本来無次元量であるが，特に**デシベル**〔dB〕という単位を付けて表す。なお，式(1.1)で対象とする Q, Q_0 は，原則としてパワーに相当する量（振幅の2乗に比例する

[†] $\log_{10}(Q/Q_0)$ の形の表示方法もあり，その場合の単位としてはベル〔B〕を用いる。この単位は，電話を発明したグラハム・ベル（Alexander Graham Bell）にちなんでいる。この数値を10倍したのがデシベル〔dB〕である。

量）とすることになっている。

このようなレベル表示は電気の分野で用いられはじめたが，音の分野でも用いられている一つの理由は，広い範囲にわたる量を圧縮（対数圧縮）して扱うことができることである。人間の耳でやっと聞こえる小さな音（最小可聴値）と，それ以上になると耳に損傷が生じる恐れがあるほどの大きさの音の範囲は，音による大気の圧力の変動分である**音圧**で表すと1対10^6あるいはそれ以上に及び，きわめてダイナミックレンジが広い。それに対して，後で述べる**音圧レベル**で表せば0～120ぐらいの値の範囲に収まる。もう一つの理由は，聴覚をはじめとして人間の感覚の多くは，刺激の強さの絶対量よりもむしろその対数に比例する傾向があることで，これは**ウェーバー・フェヒナー**（Weber-Fechner）**の法則**と呼ばれている。

このようなレベル表示に従って，音源が放射する音のパワーあるいはエネルギーや音が存在する空間（音場）の音響的な状態を表すために，以下のようなレベルが定義されている。

1.2.2　音に関するレベル表示

音に関しては，音源がどのくらいの音のパワーあるいはエネルギーを出しているかという点と，音源によってその周囲の場（音場）がどのような音響的状態になっているかという二通りの見方が重要である。

〔1〕**音源の放射特性**　定常的な音を発生する音源については，**音響パワーレベル**（sound power level）が式(1.2)で定義されている。

$$L_W = 10 \log_{10} \frac{P}{P_0} \quad [\text{dB}] \tag{1.2}$$

ただし，Pは音源が放射する音響パワー〔W〕，$P_0 = 1$ pW（基準の音響パワー）である。この量は，機械類などの騒音放射特性を表す場合に用いられている。

一方，衝撃的あるいは間欠的に音を発生する音源についてはパワー（単位時間当りのエネルギー）の概念は適用できず，放射エネルギーそのものについて，式(1.3)の**音響エネルギーレベル**（sound energy level）が定義されている。

$$L_J = 10 \log_{10} \frac{J}{J_0} \quad [\text{dB}] \tag{1.3}$$

ただし，J は音源が放射する音響エネルギー〔J〕，$J_0 = 1$ pJ（基準の音響エネルギー）である。

〔2〕 **音場の状態**　　音源から音が放射されると，その周辺の音場の各点では大気圧（静圧）を中心として圧力の変動が生じる。その変動分を**音圧**（sound pressure）という。私たちが耳で感じているのはこの音圧であり，音場の状態を測定・評価する場合に最も重要な物理量である。この音圧を式 (1.4) のようにレベル表示した量が**音圧レベル**（sound pressure level）である。

$$L_p = 10 \log_{10} \frac{p^2}{p_0^2} \quad [\text{dB}] \tag{1.4}$$

ただし，p は音圧〔Pa〕，$p_0 = 20$ μPa（基準の音圧）である。

この定義式 (1.4) で，音圧の 2 乗がとられているが，これは最も単純な平面波については，**音の強さ**（sound intensity），すなわち音波の進行方向に垂直な単位面積（$1\,\text{m}^2$）を 1 秒間に通過する音のエネルギーに音圧の 2 乗が比例するために，上に述べたレベル表示の原則に基づいた表現である。この定義式は数学的には $L_p = 20 \log_{10}(p/p_0)$ と表されるが，式 (1.4) が本来の定義式である。なお，音圧の基準値（20 μPa）は，人間の耳の感度が最も鋭い 1 ～ 4 kHz の周波数の音の**閾値**（やっと聞こえはじめる大きさ）に近い値である。

このほかにも，音場を表す量として，**音の強さのレベル**（sound intensity level），**音響エネルギー密度レベル**（sound energy density level）なども定義されているが，ここでは省略する。

1.2.3　音の大きさの評価

音に対する聴感的印象としては，**音の大きさ**，**音の高さ**，**音色**があげられる。そのうち，環境におけるさまざまな音の評価では**音の大きさ**（**ラウドネス**）が基本となる。

〔1〕 **ラウドネス，ラウドネスレベル**　　図 1.2 に示す曲線群は純音に対

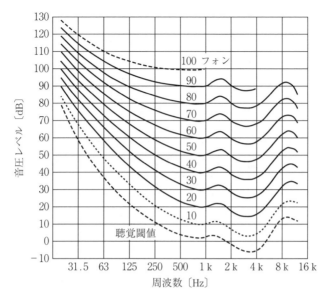

図 1.2 聴覚の周波数特性（等ラウドネス曲線：ISO 226：2003）

する**等ラウドネス曲線**と呼ばれ，それぞれの曲線は 1 000 Hz の純音を基準として，それと同じ大きさに聞こえる他の周波数の音の音圧レベルを結んだ線である。ある音の感覚的な大きさを表す場合，それと同じ大きさに聞こえる 1 000 Hz の純音の音圧レベルの値をとり，それに**フォン**（phon）という単位を付けて表す。これを**音の大きさのレベル**または**ラウドネスレベル**（loudness level）という。

〔2〕 **騒音レベル（A 特性音圧レベル）**　純音だけでなく，広いスペクトル成分をもつ音のラウドネスレベルを求めるには，ツヴィッカー（Zwicker）による方法とムーア・グラスバーグ（Moore-Glasberg）による方法がそれぞれ ISO 532-1，532-2 として規格化されている。これらの方法は精緻な聴覚モデルに基づいており，対象とする音の 1/3 オクターブバンド周波数分析（後述）の結果からラウドネスレベルが計算される。これらの方法とは別に，一般の環境に存在するような種々のスペクトル成分を含む音に対するラウドネスを簡便に測定・評価する場合，ここで述べる**騒音レベル（A 特性音圧レベル）**が用い

られている。これは，図1.2の等ラウドネス曲線を見ると，おおよそ200 Hz以下および5 000 Hz以上の周波数の範囲で曲線が上昇しており，これらの周波数範囲では耳の感度が低下していることから，広い周波数成分を含む音に対して**図1.3**に示すような等ラウドネス曲線の逆特性に近い周波数重み付けをして，ラウドネスを近似的に求める方法である。

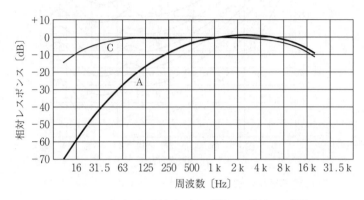

図 1.3　騒音計の周波数重み付け特性：A 特性，C 特性

このような周波数重み付け特性には**A 特性**という名前が付けられていて，この周波数重み付けをした音圧レベルを**騒音レベル**または**A 特性音圧レベル**（A-weighted sound pressure level）と呼んでいる。ただし，この量はあくまでラウドネスの近似値であり，騒音のうるささなどは評価には含まれていない。しかし，交通騒音など一般の騒音では，ラウドネスが大きいほどうるささも大きいのが普通で，本書で対象とするような一般環境の音の評価には，この量が広く用いられている。なお，周波数重み付け特性としては，A 特性以外に図1.3に示す**C 特性**もしばしば用いられている。この特性は，図1.2で音圧レベルが高い音に対しては等ラウドネス曲線が平たんに近くなっていることから，比較的大きな音のラウドネスを近似的に求めるために考えられた特性である。これらの特性は，1933 年に発表されたフレッチャー・マンソン（Fletcher-Munson）による最初の等ラウドネス曲線に基づいて提案され，A 特性と C 特性の中間的な特性として B 特性も含まれていた。このように，当初は音の大

きさによって周波数重み付け特性を使い分けることが意図されていたが，最近では一般環境騒音の評価にはA特性が広く用いられ，平たん特性に近い特性としてC特性が用いられることが多い．なお，B特性はほとんど用いられることはなく，IEC（国際電気標準会議）の規格やJIS（日本工業規格）からも削除された．光の分野では，波長の異なる光に対する人間の明るさに対する感度の特性（比視感度曲線）の重み付けをした測光量が用いられているが，ここで述べたA特性の周波数重み付けと考え方は類似している．

一般に音は時間的に変化する．この変化をどのように取り扱うか，また環境騒音では時間帯（昼間，夕方，夜間など）によって生活に対する影響が異なる．この点をどのように扱うかについては，6章で詳しく述べる．

1.2.4 騒音計（サウンドレベルメータ）

一般の音響測定では，音圧の測定器として**騒音計（サウンドレベルメータ）**が広く用いられている．その構成は図1.4に示すとおりである．音圧センサとしてはコンデンサ型などの圧力型マイクロフォンが用いられ，その出力を電気的に増幅し，前述のA特性やC特性の周波数重み付け，および時間重み付け回路を通して，最終的に音圧レベルが表示される．さらに，6章で述べる**騒音暴露レベル**，**単発騒音暴露レベル**，**等価騒音レベル**などを測定するための積分・時間平均機能も付加されている．これらの特性や性能は，IEC 61672-1 および JIS C 1509-1 の規格によって詳細に規定されている．

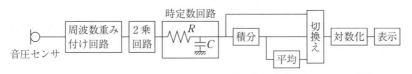

図1.4 騒音計の内部構成の例

騒音計に組み込まれている**時間重み付け回路**（原理的には1次のローパスフィルタ）は，変動する音圧信号を平滑化するためのもので，その動特性としてレスポンスが速い特性（fast：**F特性**）と遅い特性（slow：**S特性**）の2段

階が規定されており，時定数で表せばそれぞれ 125 ms, 1 s である。この時定数が大きいほど時間平均効果が大きく，レベルの変動は緩やかとなる。これらの特性は，対象とする音の時間的な変化のしかたや測定の目的によって使い分けられる。

1.2.5 周波数分析

人間の可聴周波数範囲はおおよそ 20 ～ 20 000 Hz で，10 オクターブにも及ぶ。したがって，音の周波数的な構成を調べることもきわめて重要である。その場合，周波数の分割のしかたとしては，一定の周波数の幅で分割する方法（定バンド幅分割）と，周波数を対数軸にとって一定の幅に分割する方法（定比バンド幅分割）の二通りがある。**高速フーリエ変換**（FFT）による**周波数分析**は原理的には前者に属し，機械類の騒音などの測定で高い周波数分解能が必要な分析に適している。一方，後者は周波数をオクターブごとに分割し，さらにそれを 1/2, 1/3, 1/6, 1/12 などに分割する。その分割の幅によってオクターブバンド分析，$1/n$ オクターブバンド分析と呼んでいる。$1/n$ オクターブバンド分析では，中心周波数 f_C，通過帯域の下限周波数 f_L，上限周波数 f_H および通過帯域（バンド）幅 Δf の関係は式 (1.5) ～ (1.7) で表される。

$$\frac{f_H}{f_L} = 2^{1/n} \tag{1.5}$$

$$f_C = \sqrt{f_L f_H} \tag{1.6}$$

$$\Delta f = f_H - f_L \tag{1.7}$$

騒音や建築音響の分野では，**オクターブバンド分析**と **1/3 オクターブバンド分析**がよく用いられており，それらの中心周波数としては**表 1.1** に示す値が IEC 規格や JIS で規定されている。

各種の騒音について，1/3 オクターブバンド音圧レベルと騒音レベルを分析した例を**図 1.5** に示す。

1.2 基礎事項

表1.1 オクターブバンド，1/3オクターブバンド中心周波数〔Hz〕

オクターブ		オクターブ		オクターブ	
1	1/3	1	1/3	1	1/3
1	0.8 1 1.25	31.5	25 31.5 40	1 000	800 1 000 1 250
2	1.6 2 2.5	63	50 63 80	2 000	1 600 2 000 2 500
4	3.15 4 5	125	100 125 160	4 000	3 150 4 000 5 000
8	6.3 8 10	250	200 250 315	8 000	6 300 8 000 10 000
16	12.5 16 20	500	400 500 630	16 000	12 500 16 000 20 000

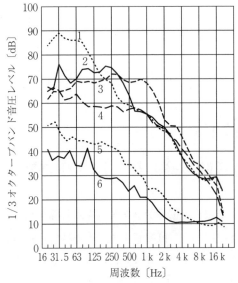

〔騒音の種類と騒音レベル〕
1：新幹線の車内（71 dB）
2：ジェット機の機内（73 dB）
3：幹線道路の沿道（76 dB）
4：駅のコンコース（64 dB）
5：風車騒音（43 dB）
6：郊外の住宅地・夜間（32 dB）

図1.5 各種の騒音の1/3オクターブバンド音圧レベルと騒音レベルの分析例

1.2.6 音 の 伝 搬

音源から放射された音のパワーは空間へ拡がっていくため，音源から遠くなるほど音は小さくなる。これを**幾何拡散による減衰**あるいは**距離減衰**という。その減衰のしかたは，以下に述べるように音源の形状によって異なる。ただし，実際の騒音の伝搬などでは風などの気象の影響，地表面の吸音や散乱の効果，建物などの音響障害物による反射や回折効果などが加わり，きわめて複雑である。交通騒音の伝搬計算モデルなどでは，これらの影響を考慮することが必要で，騒音分野における重要な研究テーマとなっている。

〔1〕 **点音源** 伝搬距離に比べて寸法が十分に小さい音源は点と見なすことができ，**点音源**と呼ばれている。反射がない音場（**自由音場**）において，このような点音源からあらゆる方向へ均一に音を放射している場合には，音源から距離 r〔m〕だけ離れた点における音圧レベル L_p は式 (1.8) で表される。

$$L_p = L_W - 10 \log_{10} r^2 - 11 \tag{1.8}$$

ただし，L_W：点音源の音響パワーレベル〔dB〕である。

音源が硬い地表面など反射面の上にあって音が半空間を伝搬する場合には，式 (1.9) となる。

$$L_p = L_W - 10 \log_{10} r^2 - 8 \tag{1.9}$$

式 (1.8) または式 (1.9) から，音源から r_1，r_2 の距離の二つの点における音圧レベル $L_{p,1}$，$L_{p,2}$ のレベル差 ΔL_p は

$$\Delta L_p = L_{p,1} - L_{p,2} = 10 \log_{10} \left(\frac{r_2}{r_1} \right)^2 \tag{1.10}$$

となり，距離が2倍になるごとに6 dB ずつ減衰する。これを**逆2乗則**による減衰という。

〔2〕 **線音源** 音響パワーが等しく，位相がランダムな点音源が直線上に密に並んだような音源は**線音源**と呼ばれる。直線状の道路を多数の自動車が規則正しく等速度で走行しているような場合は，線音源に近似できる。このような無限長の線音源による音圧レベル L_p は，式 (1.11) で表される。

$$L_p = L_W - 10 \log_{10} d - 6 \tag{1.11}$$

ただし，L_W：線音源の単位長さ（1 m）当りの音響パワーレベル〔dB〕，d：観測点から線音源までの最短距離〔m〕である。

音源が反射性の面の上にある場合には，式(1.12)となる。

$$L_p = L_W - 10 \log_{10} d - 3 \tag{1.12}$$

いずれの場合も，無限長線音源からの音の伝搬では距離が2倍になるごとに3 dB ずつ減衰し，点音源の場合に比べて距離減衰は小さい。

線音源が有限長の場合には，図 1.6 に示すように観測点 P から線音源の両端を見込む角を θ〔ラジアン〕とすると，式(1.13)が成り立つ。

$$L_p = L_W - 10 \log_{10} d + 10 \log_{10} \frac{\theta}{4\pi} \tag{1.13}$$

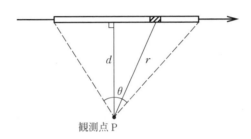

図 1.6　有限長の線音源

〔3〕**面音源**　音響パワーが等しく，位相がランダムな点音源が面的に密に並んだような音源は**面音源**と呼ばれる。網の目のように道路が錯綜している都市部を上空から見れば，面音源に近似できる。面音源の場合には，線音源よりもさらに距離減衰が小さく，無限大の面音源では距離減衰は生じない。都市部に建つ高層の建物で，高い階でも外部騒音が意外なほど大きく聞こえるのは，縦横に走る道路が面音源に近くなるためである。

1.2.7　残響時間

室内の響きの長さを表す物理量として，**残響時間**が用いられている。この量は，図 1.7 に示すように室内で音を出し，それを停止した後に室内の平均的な音圧が $1/10^6$（音圧レベルで -60 dB）まで減衰するのに要する時間（単位：

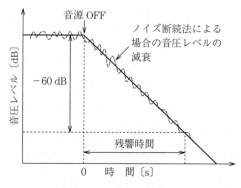

図 1.7　残響時間の定義

s）と定義されている。特異な反射音がない室内では，残響音の音圧は指数的に減衰するが，それを対数表示すると直線的な傾きになり，そのほうが聴感的な印象ともよく合う。ちなみに，コンサートホールなどでは 2 秒程度である。

残響時間の計算には，以下の二つの式 (1.14)，(1.15) がよく用いられている†。

セービン（Sabine）の式：　$T = \dfrac{KV}{S\bar{a}}$　　　　　(1.14)

アイリング（Eyring）の式：$T = \dfrac{KV}{-S\log_e(1-\bar{a})}$　　　(1.15)

ただし，T：残響時間 [s]，K：音速に依存する定数（常温では約 0.16），V：室の容積 [m³]，S：室の総表面積 [m²]，$\bar{a}$：室表面の平均吸音率で，室内の各部位ごとの吸音率とその面積の積の総和を総表面積で除した値である。

残響時間の測定方法としては，ノイズ音源を用いてそれを停止した後の音圧

---

† セービンの式は"室内音場のすべての点において音響エネルギー密度は均一で，音のエネルギーの流れはあらゆる方向に一様であり，境界面のすべての点に音が完全にランダムに入射する"という完全拡散音場の仮定に基づいて導かれる。一方，アイリングの式は，室境界での反射音をそれぞれの反射面ごとに考えた鏡像点（虚音源）からの到達音と考え，実音源が停止した後は，それらの無数の虚音源からの音がその伝搬距離に応じて順次到達するという仮定に基づいて求められた。$\bar{a}$ が小さい（残響が長い）場合には
$$-\log_e(1-\bar{a}) \approx \bar{a}$$
となり，式 (1.14) および式 (1.15) による計算値はほぼ一致する。

の減衰を多数回測定し，その平均として求める方法（**ノイズ断続法**）がよく用いられている。

　もう一つの方法として，理想的なパルスであるインパルス信号を放射したときの室の応答（**インパルス応答**）$h(t)$ を測定し，**図1.8**の下図に示すように，その2乗の時間 $t \sim \infty$ の積分値を求める方法（**インパルス応答積分法**）がある。この方法によれば，図1.8の上図のノイズ断続法による音圧の減衰の，多数回の平均（実線）に相当する滑らかな減衰が1回の測定で得られる。いずれの方法でも，減衰曲線を対数化して表せば直線となり，その傾きから残響時間を読み取ることができる。

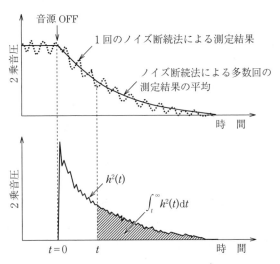

図1.8 ノイズ断続法とインパル応答積分法による残響減衰の測定

　残響時間は，ホールの響き（余韻）の長さなどを表すだけでなく，各種の室内における会話の了解性などを評価するうえで重要な指標である。

2 住宅における音

　日常的に最も基本的な生活の場である住居では，外部からの音に煩わされることなく，くつろげる音環境が必要である。そのためには，まず十分な遮音性能を備えていなければならない。この遮音の対象としては，交通騒音など外部の騒音があげられる。そのほかに，集合住宅では隣戸で発生する音があり，その侵入を防ぐ必要もある。これらの音は，空気中を伝わって壁などを透過する音で**空気伝搬音**と呼ばれている。それとは別に，何らかの衝撃が建物の構造体を振動として伝わり，室内で音となって聞こえる**固体伝搬音**の問題もある。特に重層の建物である集合住宅では，上階での歩行や子どもの走り回りなどによる床への衝撃が，下階の室で音になって聞こえる床衝撃音などがしばしば問題となっている。

　一方，住居内では音楽の鑑賞や楽器の演奏も生活の一部であり，ある程度の大きさの音を出すのは自然で，それが近隣で迷惑になるようではいけない。その意味でも，遮音性能は重要である。

　また，一般の住宅の居室ではあまり問題になることはないが，ピアノなどの楽器の練習室やオーディオ装置を主体とするリスニングルームなどでは，室内の響きも適度に調整しておく必要がある。

　遮音や吸音などの音の制御の手法は，住宅以外の建物でも基本的には同じであるが，本章では住宅で問題となりやすい音と，それを防ぐためにどのような工夫がなされているかについて述べる。

2.1 遮音の基本

建物の遮音を考えるうえで基本となる板状の材料の遮音特性と，高い遮音性能を得るためにしばしば用いられている二重壁の特性について簡単に述べる。

2.1.1 質量則

音波が均質な1枚の板に入射した場合，板の質量が大きいほど同じ力が加わっても板の振動は小さく抑えられる。この原理に基づいて，板に音波が垂直に入射した場合の遮音性能を**音響透過損失**（R）の形で近似的に表すと，式(2.1)に示すとおりである。ここで，音響透過損失とは，板に入射する音波のパワーに対する透過するパワーの比の逆数をレベル表示（dB 表示）した量で，その値が大きいほど遮音が高いことを意味する。

$$R \approx 20 \log_{10}(fm) - 43 \quad [\text{dB}] \tag{2.1}$$

ただし，f は音の周波数〔Hz〕，m は板の面密度（単位面積当りの質量）〔kg/m²〕である。なお，音波がランダムな角度で入射する場合には，音響透過損失は式(2.1)の値よりも5dBほど小さくなる。

コラム 2.1　吸音と遮音

図に示すように，（I）の領域を伝搬してきて壁（一般に材料）に当たった入射パワーは，反射パワー（P_r），壁を透過していくパワー（P_t），および何らかのメカニズムによって材料の中で熱に変換されるパワー（P_a）に配分される。まず（I）の側だけで考えてみると，入射パワー（P_i）に対する反射パワー（P_r）の比を（エネルギー）反射率（r）という。

$$r = \frac{P_r}{P_i} \tag{1}$$

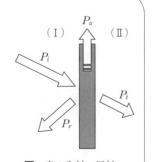

図　音の入射・反射・透過・吸収

これとは逆に，入射パワー（P_i）に対する"反射されなかったパワー"，すなわち見掛けのうえで吸収されたように見えるパワー（$P_i - P_r = P_t + P_a$）の比を吸音率（α）という。

$$\alpha = 1 - r = \frac{P_t + P_a}{P_i} \tag{2}$$

つぎに，入射パワー（P_i）に対する透過パワー（P_t）の比を音響透過率（τ）という。

$$\tau = \frac{P_t}{P_i} \tag{3}$$

この透過率（τ）の逆数を式（4）のようにレベル表示した量を音響透過損失（R）〔単位：dB〕という。

$$R = 10 \log_{10} \frac{1}{\tau} = 10 \log_{10} \frac{P_i}{P_t} \quad [\text{dB}] \tag{4}$$

壁などの遮音性能を表す場合，一般に上記の R が用いられ，この値が大きい（τ が小さい）ほど，遮音性能が高いことを意味する。代表的な例として，厚さ 15 cm 程度のコンクリートの壁の R は 500 Hz で約 50 dB である。これは τ で表せば 1/100 000 であり，入射パワーの 10 万分の 1 のパワーしか透過しないことを意味する。しかし，このような壁でも大きな音を出せば隣室に聞こえてしまう。これは，人間の耳のダイナミックレンジがきわめて広いことによる。

吸音材料は音をよく吸収するので遮音の効果も大きいと考えられがちであるが，必ずしもそうではない。多孔質吸音材料などでは，たしかに P_a になる割合は比較的大きいが，P_t すなわち材料を透過してしまうパワーの割合も大きいので，その材料だけでは高い遮音性能は期待できない。

例えば，$P_i = 1$ に対して，$P_r = 0.1$，$P_t = 0.1$，$P_a = 0.8$ となるような吸音材料では，吸音率は 0.9 で入射側から見た吸音性能はたしかに高い。しかし，$\tau = 0.1$ すなわち $R = 10$ dB ということで，これは薄いベニヤ板 1 枚程度の遮音性能である。遮音のためには P_r を大きくする必要があり，そのためには音を跳ね返してしまう重い材料が必要である。

実際に用いられている吸音や遮音のための材料・構造はきわめて多様で，吸音や遮音の原理の違いによって周波数特性もまたさまざまである。したがって，実際の設計ではそれらの違いを十分理解して，効果的な音響効果を実現する必要がある。

式 (2.1) で，周波数 f を一定とすると面密度 m が大きいほど遮音性能は高くなる。これは**遮音に関する質量則**と呼ばれている。一方，m を一定とすると f が高いほど遮音性能が高くなる。すなわち，**図 2.1** の破線で示すように，同一の板材料では周波数が高い音ほど遮音されやすい。

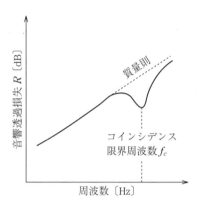

図 2.1 一重壁の音響透過損失（音がランダムに入射した場合）

2.1.2 コインシデンス効果

2.1.1 項で述べた質量則によれば，周波数が高くなるほど音響透過損失は大きいことになるが，さまざまな角度から音波が入射する条件で音響透過損失を測定すると，図 2.1 の実線で示したように，特定の周波数付近で急激に音響透過損失が低下する現象が見られる。

この現象は，音波が板に向かって角度 θ で入射している様子を示した**図 2.2** で，空気中の音波の波長，すなわち音圧の山から山までの長さを板面に投影した長さ（$\lambda' = \lambda / \sin\theta$）と，板の中に生じる曲げ波の波長（$\lambda_B$）が一致したときに生じる。その際に板は激しく曲げ振動し，これによって音のパワーが板の反対側にも伝わりやすくなって遮音性能が低下する。これは**コインシデンス効果**と呼ばれていて，板状の材料では必ず生じる現象である。この現象による音響

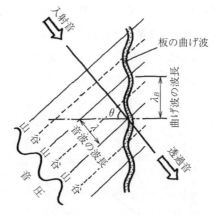

図2.2 コインシデンス効果

透過損失の落ち込みは，入射角度 θ が $90°$ に近いとき（斜め入射）に最も低い周波数で生じ，その周波数（**コインシデンス限界周波数**）f_c は板の物性値から式 (2.2) で簡単に計算できる。

$$f_c = \frac{c^2}{2\pi h}\sqrt{\frac{12\rho}{E}} \qquad (2.2)$$

ただし，c は音速〔m/s〕，h は板の厚さ〔m〕，ρ は板の密度〔kg/m^3〕，E は板の硬さを表すヤング率〔N/m^2〕である。

2.1.3 二重壁の遮音特性

一重壁では，式 (2.1) からわかるように，厚さを 2 倍にしても音響透過損失は 6 dB しか大きくならないが，2 枚の壁を間隔をあけて設置すると，音響透過損失の値は 2 倍に近くなる。ただし，それは**コラム 2.2** で述べるダブルスキン構造のように間隔を十分に大きく（1 m 以上）した場合で，実際の壁や窓では 10 cm 前後の間隔で二重にした構造がよく用いられている。このような二重構造で注意が必要なことは，2 枚の板とその間の空気によって共振が生じ，**図 2.3** に示すように，式 (2.3) で表されるその共振振動数 f_r に相当する周波数で音響透過損失が，2 枚の板を一体とした場合よりも低下することであ

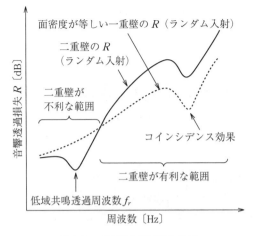

図 2.3　二重壁の低域共鳴透過

る。この現象は、建築に用いられる一般的な二重壁では比較的低い周波数で生じることが多いので、**低域共鳴（共振）透過**と呼ばれており、二重構造では物理的に避けられない問題である（📖1）。したがって、二重壁や二重窓の遮音設計では、この低域共鳴透過が遮音上問題となりにくい低い周波数で生じるように、板の厚さや間隔が設定されている。

$$f_r = \frac{c}{2\pi}\sqrt{\frac{\rho_0}{d}\frac{m_1+m_2}{m_1 m_2}} \tag{2.3}$$

ただし、ρ_0 は空気の密度〔kg/m³〕、d は板の間隔〔m〕、m_1, m_2 はそれぞれ2枚の板の面密度〔kg/m²〕である。

図 2.3 に示したように、低域共鳴透過の周波数以上になると音響透過損失は急激に増大し、2枚の板を一体とした一重壁の場合よりも大きくなる。しかし、さらに高い周波数では先述のコインシデンス効果が表・裏それぞれの板材料で生じて、音響透過損失に落ち込みが生じる。

集合住宅などで一般的に用いられているコンクリート壁の場合には、特に大きな音を出すことがなければ隣接した住戸間の壁でもそれほど大きな問題は生じない。しかし、高層の集合住宅などでは建物全体を軽量化する必要があり、**図 2.4** に示すような**乾式二重壁**がよく用いられている。図（a）は、骨組材

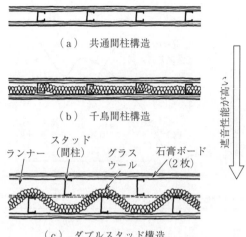

図 2.4 乾式二重壁のバリエーション

（スタッド）の両側に板材を貼った二重壁であるが，接合部を通して音が振動として伝わる現象（音の橋：サウンドブリッジ）のために，あまり高い遮音性能は期待できない。それに対して図（b）は，表・裏の板材料が別々にスタッドで支持されているためサウンドブリッジとなりにくく，高い遮音性能が得られる。このようなスタッドの使い方は千鳥配置と呼ばれている。図（c）はダブルスタッド構造と呼ばれる二重壁で，さらに高い遮音性能が得られる。この構造では，各スタッドを壁の上部と下部で支持するランナーと呼ばれる部材を別々にして音の伝搬を少なくしている。いずれの二重壁でも，内部に多孔質吸音材料を挿入すると音響透過損失が向上する。

以上に述べた二重壁では，表・裏の材料としては石膏ボードなどの板材料が用いられているが，コインシデンス効果による音響透過損失の落ち込みを防ぐために，表・裏の材料として厚さや密度が異なるボードを貼り合わせて用いるなどの工夫がなされている。

図 2.5 は，厚さ 12.5 mm の石膏ボードを用いた二重壁の音響透過損失の例で，共通間柱よりも千鳥間柱としたときのほうが音響透過損失は大きくなっている。さらに，中空層にグラスウールを挿入することによって，中音域の遮

2.1 遮音の基本　23

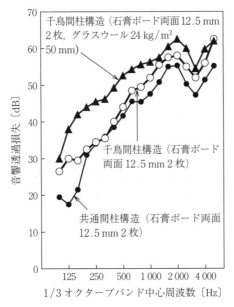

図2.5　乾式二重壁のバリエーションによる
　　　　音響透過損失の違い（吉野石膏）

音性能が向上している。

　二室間を仕切る壁の遮音性能が高くても，間仕切壁以外の部材を伝わって遮音性能が低下することがある。例えば，**図2.6**（a）に示すように乾式二重壁が軽い材質の外壁と接している場合，外壁を介して振動が伝わり，室間の遮音

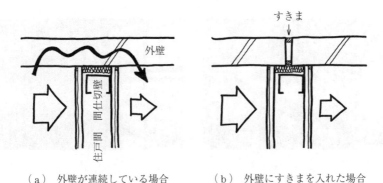

　（a）外壁が連続している場合　　　（b）外壁にすきまを入れた場合
図2.6　外壁パネルと間仕切壁の接合部

性能が低下してしまうことがある。これを音のフランキングと呼んでいるが，これを避けるために，図(b)に示すように外壁にすきまを設けて振動を遮断する方法がとられることもある。

2.1.4 複数の部材で構成される壁の遮音

外壁の一部が窓となっている場合のように，建物では複数の部材から構成された壁を用いることがよくある。このような壁については，式(2.4)によって壁全体としての音響透過損失（**総合音響透過損失**）を算定する。

$$\bar{R} = 10 \log_{10} \left(\frac{S}{\sum S_i \times 10^{-R_i/10}} \right) \tag{2.4}$$

ただし，$\bar{R}$は総合透過損失〔dB〕，Sは壁全体の面積〔m²〕，S_iはそれぞれの材料の面積〔m²〕，R_iはそれぞれの材料の音響透過損失〔dB〕である。式

コラム2.2 ダブルスキン構造

二重窓では，その間隔を十分に大きくすると全体としての音響透過損失は2枚の窓の音響透過損失の和に近くなり，きわめて高い遮音性能が実現される。図は鉄道沿線に建つ集合住宅で，ベランダの外部にもガラス窓を付加してダブルスキンとしている例である。この建物では，すぐ前を走る列車の走行音もほとんど聞こえない。このようなダブルスキン構造は遮音のうえできわめて有利で，諸外国ではよく採用されているが，日本では消防法の規定や緩衝用の空間も建築面積に算入されるなどの建築法規上の制約から，採用されることは少ない。

（a）外観

（b）内部

図　ダブルスキンを用いた集合住宅の例

(2.4) は，それぞれの部材の音響透過損失に応じて透過する音のパワーの総和を計算することによって求められる。

式 (2.4) で計算するとわかるが，高い遮音性能を得るために音響透過損失が大きい材料を使っても，一部に音響透過損失が小さい部材を使うと，その面積が小さくても，壁全体としての音響透過損失は著しく小さくなってしまう。特に壁にすきまがあると遮音性能は著しく低下する。**図 2.7** は，厚さ 15 cm のコンクリート壁に幅 5 cm，長さ 4 m のすきまを設けたときの音響透過損失の低下の程度を実験的に調べた結果で，わずかなすきまでも遮音性能は大きく低下してしまうことがわかる。なお，式 (2.4) の導出の過程で音の波動性は無視されているので，この例のように面積が小さくてもすきまや音響透過損失が著しく小さい部材（部位）が含まれている場合には，大きな誤差が生じるので注意が必要である。

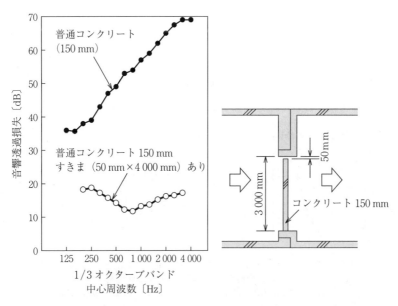

図 2.7 すきまによる遮音性能の低下の例（測定：大成建設）

2.2 外周壁の遮音

建物の外回りの構造を**外周壁**と呼ぶ。幹線道路や鉄道などの交通機関や大きな音を出す施設などが近い場合には，この外周壁の遮音性能を高くする必要がある。建物の設計にあたっては，まず室の用途ごとに室内における騒音レベルの許容値を設定し，外部の騒音のレベルに応じて外周壁の遮音性能を決める。そのためには外部の騒音レベルを知ることが大切で，主要な騒音源からの伝搬音の大きさを 1.2.6 項で述べた音の伝搬式 (1.8) 〜 (1.13) を用いて計算し，できれば実際に測定しておくことが望ましい。建物が建て混んでいる都市部では，低い位置よりも高い所での騒音のほうが大きいこともある。**図 2.8** はその一例で，地上近くでは交通量の多い道路からの騒音は近隣の建物で遮られるが，高い位置ではそれが見えてしまうために騒音レベルも高くなっている。また，高い位置では周辺地域全体が面音源となって，高さ方向の音の減衰は案外小さいのが一般的である（1.2.6 項の〔3〕参照）。これは，高層の集合住宅などを建てる場合に注意が必要な点である。そのために，実際の設計に際しては，気球を用いて騒音の鉛直分布を測定することもある。

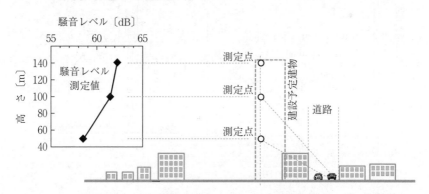

図 2.8 都市部における高さ方向の騒音レベル分布の測定例（測定：大成建設）

2.2.1 外壁

一般的な**外壁**は，窓サッシなどの開口部と比較して遮音性能が高い。例えば，ガラスとコンクリート板の音響透過損失は，**図2.9**のように大きく異なる。そのため，外部の騒音の影響は主に開口部の遮音性能によって決定される。また，壁に換気のための開口が設けられると，その部分の面積が小さくても遮音上の弱点となる。

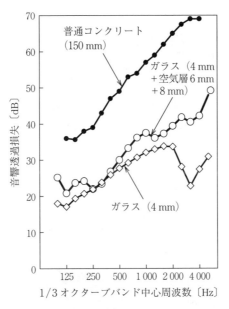

図2.9 普通コンクリート壁とガラスの音響透過損失の比較

2.2.2 窓

2.2.1項で述べたように，外周壁全体の遮音性能は窓などの開口部の性能によって決まってしまうので，この部位の遮音性能に十分考慮する必要がある。窓に用いられるガラスは，質量則から考えれば厚いほど音響透過損失は大きくなるといえるが，コインシデンス効果による音響透過損失の落ち込みはガラスの厚さが増すほど低い周波数になることにも注意する必要がある〔図2.1，式

(2.2) 参照〕。

最近では，断熱や結露防止を目的として，数ミリメートルの間隔を設けてガラスを二重にした**複層ガラス**がよく用いられている。その遮音性能の例を**図 2.10**に示す。これも二重構造の一つであるので低域共鳴透過の現象は避けられず，この例では 250 Hz 付近に音響透過損失の低下が見られる。それ以上の周波数では音響透過損失が急激に増大するが，高音域でコインシデンス効果による落ち込みが生じる。この落ち込みをできるだけ小さくするために，表・裏のガラスの厚さを変えることがよく行われている。図で，表裏のガラスを同厚とした場合には 2 000 Hz でコインシデンス効果による落ち込みが大きいが，異厚のガラスを組み合わせた場合には，その落ち込みは小さくなっている。

2 枚のガラスを透明の膜で接着して一体とした**合わせガラス**も製品化されている。この構造では，2 枚のガラスがほぼ一体となっているので低域共鳴透過

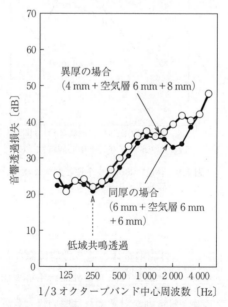

図 2.10 同厚複層ガラスと異厚複層ガラスの音響透過損失の違い〔『板ガラスの遮音性能（2000 年版）』（板硝子協会）より〕

は生じない。また，合わせガラスのうち，膜に防音機能をもたせたタイプでは，コインシデンス効果による音響透過損失の落ち込みも少ない。

外部騒音が特に大きい場合には，窓サッシを二重にした二重窓もしばしば用いられている。その場合，2枚のサッシの間隔を数十 cm 以上にすることによって，広い周波数にわたって高い遮音性能が得られるが，間隔を 10 cm 以下にすると，低域共鳴が 100 Hz 近くの周波数で生じてしまい，交通騒音などの低音域の音が漏れてしまうこともある。

2.3 2室間の遮音

つぎに，隣接する二つの部屋の間の遮音について考えてみよう。集合住宅の中で，異なる住戸の間の壁（戸境壁）の遮音は特に重要で，互いの生活上のプライバシーが損なわれることがあってはならない。そのため，日本では集合住宅の戸境壁の遮音性能について**建築基準法**で音響透過損失の基準値（125 Hz で 25 dB 以上，500 Hz で 40 dB 以上，2 000 Hz で 50 dB 以上）が規定されている。

伝統的な日本家屋では，住戸内の部屋が軽い襖だけで仕切られていて，遮音に不利である。しかし，最近の住宅では個室の重要性も認識され，室間の遮音にも注意が払われるようになってきた。

2.3.1 室間音圧レベル差

図 2.11 に示すように，水平（または上下）に隣接する二つの部屋の一方の

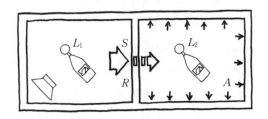

図 2.11 2室間の音の透過

部屋で音を出したとき，その部屋における音圧レベルの空間平均値（L_1）と隣の部屋における音圧レベルの空間平均値（L_2）の差（D：**室間音圧レベル差**）は式 (2.5) で表される。

$$D = L_1 - L_2 = R + 10 \log_{10} \frac{A}{S} \tag{2.5}$$

ただし，R は 2 室間の壁（または床）の音響透過損失〔dB〕，A は受音室側の等価吸音面積〔m^2〕，S は 2 室間の壁（または床）の面積〔m^2〕である。ここで，**等価吸音面積**とは，室表面の各部位の吸音率とその面積の積の総和（室内の平均吸音率と室内総表面積の積）で，室の吸音性能を表す量である。

式 (2.5) からわかるように，室間の遮音を大きくするためには，壁（または床）の音響透過損失 R を大きくすることがまず重要であるが，それと同時に受音室側の吸音性（等価吸音面積 A）もある程度高くすることが有効である。また，式 (2.5) には表されていないが，受音室側の音圧レベル L_2 を下げるためには，音源がある室の吸音性も高めて L_1 を小さくすることも有効である。

2.3.2　2 室間の遮音性能の測定・評価方法

集合住宅などでは，戸境壁を挟んで隣接する 2 室の間の遮音性能は重要な音響性能で，それを測定・評価する方法が日本工業規格（JIS A 1417, 1419-1）で詳細に規定されている。そのおおよその方法は以下のとおりである。

測定では，一方の室でバンドノイズあるいは広帯域ノイズをスピーカから出し，それぞれの室内における空間的な平均音圧レベルをオクターブバンドごとに求める。その差を帯域ごとの**室間音圧レベル差**と呼ぶ。この値が大きいほど室間の遮音性能が高いわけであるが，その評価には多くの方法がある。そのうち日本では，**図 2.12** に示す**等級曲線**にオクターブバンドごとの室間音圧レベル差をプロットし，それらがすべての周波数帯域においてある曲線を上回るとき，その曲線に付けられた数値（**遮音等級**）で評価する方法がよく用いられている。図中に示した木造の壁の例では，すべての周波数帯域における測定値が上回っている最も高い遮音等級曲線は D_r-40 の曲線であり，この壁の遮音等

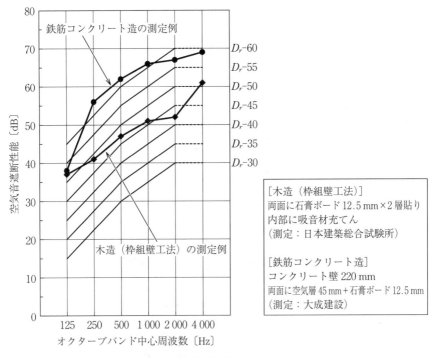

図 2.12 空気伝搬音遮断性能評価のための
等級曲線（JIS A 1419-1）と評価の例

級は D_r-40 と評価される。同様に鉄筋コンクリート壁は D_r-50 と評価される。このほかに，ある基準の周波数特性に基づいて周波数ごとの重み付けをする方法や，帯域ごとの音圧レベル差の平均値を評価値とする方法もある。

2.4 固体伝搬音

　住宅などの建物では，以上に述べた空気伝搬音とは別に，**固体伝搬音**にも注意を払う必要がある。ここでは，固体伝搬音の例をあげ，概略を述べる。最近の住宅建物では，気密性が向上して外部から窓を透過してくる騒音が小さくなり，相対的に小さな固体伝搬音でも聞こえやすくなって問題となることがある。

2.4.1 建築設備機器などからの固体伝搬音

集合住宅における固体伝搬音の発生源としては,給・排水設備,空調設備,給湯設備,受変電設備,エレベータ,オートドア,浴室での衝撃,さらには近くを通る地下鉄などがあげられる。

建物の材料として一般的に用いられているコンクリートは,振動の減衰が少なく,いったん振動が加わると遠くまでよく伝わってしまう。例えば,図2.13に示すように,地下鉄の振動が地下階や1階ばかりでなく4階以上の階にまで伝わって騒音となって聞こえることがある。特に就寝時に枕に耳を付けると,耳元まで振動が伝わり,よく聞こえることもある。

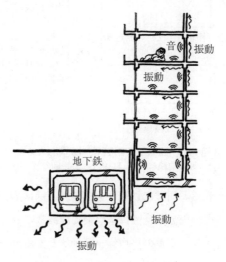

図2.13 地下鉄からの固体伝搬音

集合住宅で固体伝搬音として問題となりやすい振動源とその対策法について,代表的な例を以下に述べる。

〔1〕 **電気設備** 集合住宅の建物内に電気室が設けられることがある。電気室の受変電設備は電源周波数(東日本では50 Hz,西日本では60 Hz)の倍音成分の振動を発生させ,これが固体伝搬音になるとブーンという音となって聞こえる。この種の音は,レベルが低くても非常に耳障りであるので,気にな

らない程度に十分小さくする必要がある。その方法として，**図2.14**に示すように電気室の床を**浮き床構造**とすることがある。この構造では，構造体としてのコンクリートの床の上にゴムやグラスウールなどの防振材を介してさらにコンクリート床を設置する。コンクリート板を二重に用いるので建物への荷重は大きくなるが，固体伝搬音をより小さくするためにこのような配慮が必要なこともある。

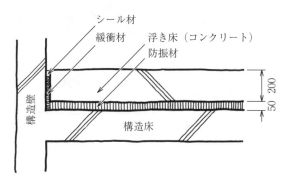

図2.14 防振のための浮き床構造（湿式浮き床の例）

〔2〕 **給・排水設備，浴室など**　　**図2.15**に示すように，給水設備ではポンプが振動源となるので，まずこれを防振ゴムなどを用いて防振支持する必要がある。しかしそれだけでは不十分で，ポンプの振動が配管に伝わるのを防ぐ

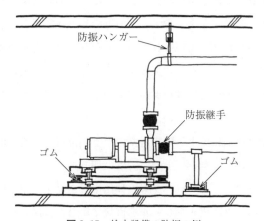

図2.15 給水設備の防振の例

ために，防振継手が用いられる。さらに，図2.16に示すようにパイプの振動が建物に伝わらないように防振支持をする必要がある。また，パイプの中の水の脈動による振動を小さくする装置（サイレンサ）を付けることもある。このように，普段は目につかないところでいろいろな工夫がなされている。

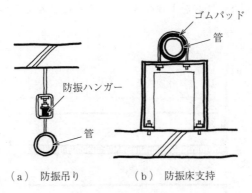

図2.16　配管の防振の例

　トイレでは，放尿や水洗の際に発生する振動によって固体伝搬音が発生する。これを防ぐために，便器と床の間に防振材を挿入することがある。最近の集合住宅では，後で述べるような乾式二重床がよく用いられており，その場合には特別な防振を行わずに済むことが多い。

　浴室の床は硬質のため，腰掛けを引きずったり手桶を落下させたりすると下階の居室で固体伝搬音が発生しやすい。最近の集合住宅では，浴室設備を一体としたユニットバスが多く用いられており，それとコンクリート床の間に防振ゴムを設置してコンクリート床に振動を伝えにくくする工夫がなされている。また，泡が噴き出す装置を付けた風呂の場合は，ポンプ類やそれに接続される配管の振動が構造体に伝わらないように防振の処理が必要である。このような防振による対策とは別に，上下階で浴室の上下の位置を揃え，浴室の下階に居室などを配置しないプラニング上の工夫も大切である。

　〔3〕　エレベータ　　エレベータも固体伝搬音を発生しやすい設備である。そのため，エレベータのガイドレールを直接に梁などに固定せず，防振材を介

して支持する工夫がなされている。また，機械室の巻上げ機の振動が建物構造体に伝わるのを防ぐために，巻上げ機も防振支持する必要がある。

2.4.2 ピアノによる固体伝搬音

集合住宅では，ピアノの音も近隣騒音として問題となることがある。**図 2.17** に示すように，ピアノの音は空気伝搬音としてだけでなく，脚部を通して振動が床に伝わり，それが固体伝搬音となって伝わる。したがって，このような場合には，壁の遮音性能を高めるだけでなく，床へ振動が伝わらないような防振の工夫が必要となる。

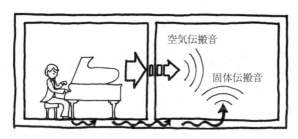

図 2.17 ピアノの音の伝搬経路

2.4.3 床 衝 撃 音

歩行や物の落下などで床に衝撃が加わると，直下の室内で衝撃音として放射される。特に子どもの飛び跳ねや走り回りによって大きな衝撃音が発生し，集合住宅ではしばしば深刻な問題となっている。このような問題を防ぐことが建築音響の分野における研究・開発の重要なテーマの一つとなっており，集合住宅の音にかかわる設計で最も注意が払われている。この床衝撃音の問題は，床に加えられる衝撃の特性によって，以下に述べるように軽量床衝撃音と重量床衝撃音に分けて扱われている。

〔1〕 **軽量床衝撃音** 椅子を引きずったり，スプーンなどの軽くて硬いものを床に落としたりしたときに発生する衝撃音を総称して**軽量床衝撃音**と呼んでおり，ギーギー，カタカタ，コトコトなどといった感じに聞こえる。スリッ

パで歩いたときにも下階でパタパタと聞こえることもある。

軽量床衝撃音には床仕上材の表面の硬さが大きく影響する。カーペットやクッション性がある柔らかい床仕上材を用いれば，この種の音は格段に小さくすることができる。しかし，最近ではダニの発生防止や清掃の容易さなど衛生面からフローリング（木床）の仕上げが使われることが多くなり，石張りの仕上げが用いられることもある。このような表面が硬い材料では大きな軽量床衝撃音が発生する。そこで，図2.18に示すようにフローリング材などの床仕上材とコンクリート床の間にクッション材を挟むことがよく行われており，**直張り仕上げ**と呼ばれている。

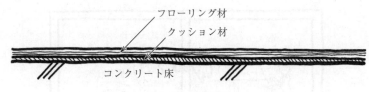

図2.18 直張り床

また，図2.19に示すように床を二重構造とした**乾式二重床**が開発され，広く用いられている。この構造では，上部の床を支える支持脚の下部に防振ゴムが挿入されているため，軽くて硬いものの落下による衝撃は伝わりにくい。また，中間の空気層を配管などのスペースとして利用できるメリットもあり，多くの集合住宅で採用されている。

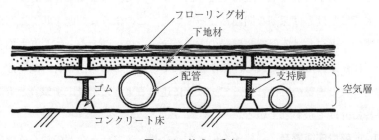

図2.19 乾式二重床

〔2〕 **重量床衝撃音** 歩行や子どもの飛び跳ね，走り回りなど重くて柔らかい衝撃源によって発生する衝撃音を**重量床衝撃音**と呼んでおり，ズンズン，ドンドン，ドスンといった感じの音である。この重量床衝撃音は構造体としての床の剛性に大きく依存し，軽量床衝撃音のように床仕上材によって簡単に音を小さくすることはできない。最近では，軽量床衝撃音だけでなく重量床衝撃音も小さくすることが強く求められるようになり，そのためにコンクリート床の厚さを構造的に必要な厚さ以上にしている例が多い。ただし，コンクリート床はその寸法と周辺の固定条件によって振動しやすい周波数（固有周波数）が異なり，また，平面上のどの位置が加振されるかによって振動のしかたが異なるため，コンクリート床の厚さが同じでも，重量床衝撃音の大きさが大きく異なることもある。このような問題があることから，集合住宅の設計では重量床衝撃音の防止性能について数値シミュレーションによる予測が行われている。最近では有限要素法（FEM）などの数値波動解析の手法も盛んに研究され，実際の設計に応用されている。なお，図2.19に示した乾式二重床は一般的には重量床衝撃音を増幅させてしまうため，よりコンクリート床を厚くする必要がある。建物の床は構造的な丈夫さが最も重要であるが，ここで述べたように，集合住宅などでは床衝撃音遮断性能も重要な設計条件として考えられるようになってきた。

以上に述べたように，床衝撃音を低減するために建物側でもいろいろな対策や工夫が行われているが，建築コストや建物の使い勝手の点からそれには限界がある。したがって，集合住宅に限ったことではないが，建物の中で自由気ままに足音をたてるのではなく，住まい方としての音への配慮も必要である。

〔3〕 **床衝撃音遮断性能の測定・評価方法** 床衝撃音の遮断性能は，特に集合住宅などでは重要な建築性能であり，それを測定・評価する方法が日本工業規格（JIS A 1418-1，1418-2，1419-2）で標準化されている。これらの規格では，軽量床衝撃音と重量床衝撃音の別に標準的な衝撃源を決め，発生音の大きさを測定・評価する方法が規定されている。ただし，住宅における住まい方は国や地方によって異なるので，国際的に完全に統一されているわけではな

い。そこで，ここでは JIS による方法の概略を紹介する。

（**a**）**標準軽量衝撃源**　軽くて硬い衝撃源の標準モデルとして，**図 2.20**に示すようなタッピングマシンと呼ばれる**標準軽量衝撃源**が JIS A 1418-1 に規定されている。これは質量 500 g のハンマが 100 mm 間隔で一直線上に 5 個並んだ装置で，ハンマが 1/10 秒間隔で 40 mm の高さから自由落下して床をタタタ…というように加振する。もともとこの装置は，欧米諸国で多い靴履き歩行による硬い衝撃を模擬するために考えられたもので，国際的に広く用いられている。

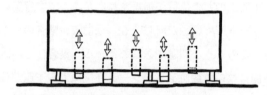

図 2.20　標準軽量衝撃源（タッピングマシン）

（**b**）**標準重量衝撃源**　重くて柔らかい衝撃源の標準モデルとして，**図 2.21** に示すような 2 種類の**標準重量衝撃源**が JIS A 1418-2 に規定されている。図（a）はタイヤ型の衝撃源で，自動車用の小型タイヤを高さ 85 cm から自由落下させて床を加振する。一方，図（b）は，軽量構造の建物などではタイヤ型の衝撃源の衝撃力が大きすぎるなどの欠点を改良するために新たに開発され

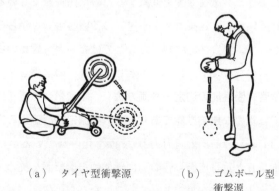

　　（a）タイヤ型衝撃源　　　（b）ゴムボール型衝撃源

図 2.21　2 種類の標準重量衝撃源

たゴムボール型衝撃源で、材質など詳細な仕様が規定された外径 185 mm の中空のゴムボールを高さ 100 cm から自由落下させて床を加振する。前者は日本だけで用いられている衝撃源であるが、後者は ISO（国際標準化機構）規格にも取り入れられ、標準重量衝撃源として国際的にも普及しつつある。これらの重量衝撃源は日本で開発されたもので、日本では素足での歩行などによる重量床衝撃音の問題が重視されているためである。

（c）**評価方法**　上記の標準衝撃源を用いて床を加振し、下階の室内の複数の点における音圧レベル（標準重量衝撃源による場合は落下ごとのF特性最大値）をオクターブバンドごとに測定する。その際、床を加振する位置も複数とし、それらの平均レベルを求める。この値を周波数帯域ごとの床衝撃音レ

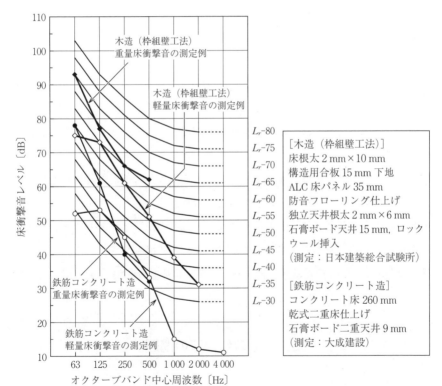

図 2.22　床衝撃音遮断性能評価のための等級曲線（JIS A 1419-2）と評価の例

ベルと呼ぶ。この値が小さいほど床衝撃音遮断性能が高いわけであるが，その評価には多くの方法が規定されている。そのうち日本では，**図 2.22** に示す**等級曲線**にオクターブバンドごとのデータをプロットし，それらがすべての周波数帯域においてある曲線を下回るとき，その曲線に付けられた数値を評価結果（**床衝撃音レベル等級**）とする。図中に示した例では，木造の床では重量衝撃源（タイヤ）による場合に L_r-70，軽量衝撃源による場合に L_r-60，鉄筋コンクリート造の床では重量衝撃源（タイヤ）による場合に L_r-55，軽量衝撃源による場合に L_r-40 と評価される。これらの値が小さいほど，床衝撃音に対する遮断性能が高いことを意味している。このほかに，ある基準の周波数特性に基づいて周波数ごとの重み付けをする方法や，騒音計による A 特性音圧レベルの測定値を評価値とする方法もある。A 特性音圧レベルを用いる方法は，聴感反応とも比較的よく対応することがわかっている。

2.5 室内の響き

一般の住宅の居室には，家具や書棚などが置かれるので，それらがある程度の吸音性をもっていることから響きが問題となることはあまりない。一方，ピアノなどの楽器の練習室やオーディオ・ビジュアルシステムを装備したリスニングルームについては，吸音処理を適切に行う必要があり，スタジオに準じた音響設計をすることが望ましい。それによって室内が響きすぎることを抑えられるだけでなく，室内で発生した音が外へ漏れる程度も小さくすることができる。なお，2.4.2 項でも述べたとおり，ピアノは固体伝搬音によっても音が伝わるので，集合住宅では床を防振するなどの対策を立てることが必要である。

2.6 その他の音の問題

以上に述べたような外部や建物内の他の室からの音以外に，風によって発生する音や，建物のいろいろな部位から発生する音が問題となることがある。特

に夜中など静かなときにそのような音がすると，耳について気になったり，原因がわからない場合には不気味に感じて不安になることもある。このような音の代表的な例を以下に述べる。

2.6.1 風騒音

住宅のバルコニーなどで，風が強い日に手すりからピーピー，あるいはブーンというような音が聞こえることがある。このような風騒音には，手すりなどの部材に風が当たったときに風の流れが部材から剥がれ，再び付着する動きが繰り返されて圧力変動が生じ，部材間の空間で共鳴が生じて発生する音（流体音）と，風圧によって部材が振動して発生する音（振動音）がある。ピーピーと聞こえる音は流体音，ブーンと聞こえる音は振動音である場合が多い。手すり以外にも通風性の目隠し壁や，大きく飛び出した窓枠，装飾用の外装材なども風騒音の発生源となることがある。

高層の集合住宅では，低層住宅よりも外壁面での風速が高いので，設計の時点で風騒音の発生が懸念される手すりなどの部材について，風洞実験を行って

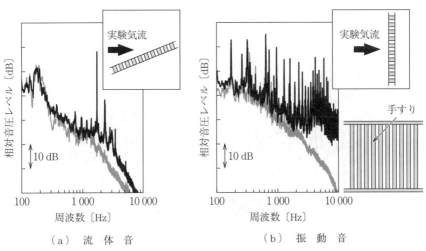

灰色：手すりなしのときの暗騒音，黒：手すりありの場合。

図 2.23 バルコニー用の手すりで生じる風騒音の周波数特性の例（測定：大成建設）

発生の有無を確認することがある。風騒音は，風速だけでなく部材に風が当たる向きによっても発生のしかたが異なるので，さまざまな風向や風速条件で部材に風を当てて音の発生を確認する。**図 2.23** は，風洞実験でバルコニー用の手すりに風を当てたときに発生する音のスペクトルの測定例である。流体音の場合には図 (a) のように特定の周波数の音圧レベルが卓越する特性となり，振動音の場合には図 (b) のように多数の周波数の成分が見られる。このような実験結果に基づいて，音の発生が懸念される場合には格子の断面形状や間隔などの変更が行われる。

2.6.2 熱伸縮による音

建物の表面部材が日射を受けて高温になったり，逆に外気で冷却されて低温になると，トン，ドンというような音がすることがある。特に，**図 2.24 (a)** に示すような，コンクリート製などのパネルがボルトで梁などの構造体に取り付けられている外壁（カーテンウォール）では，風圧や地震の力を受けたときにわずかに動けるようにしてあるため，パネルの熱膨張や伸縮の際に固定部で変位が開放されることによって音が発生しやすい。このような音の発生を少なくするために，図 2.24 に示すように，パネルと梁などの構造体とを接続する

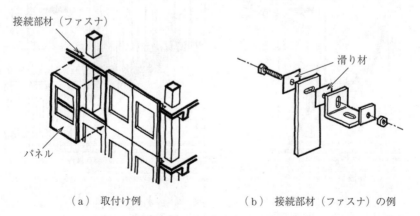

　　　（a）取付け例　　　　　　　（b）接続部材（ファスナ）の例

図 2.24　カーテンウォールの例

部材の間に板状の滑り材を挟んだり，部材どうしを接触させないなどの工夫がなされている。

2.6.3 きしみ音

強風時に壁などからギギという音が聞こえることがある。これは，風によって建物が揺れて部材の間に変位の違いが生じ，摩擦によって発生するきしみ音である。特に鉄骨造の建物では，鉄筋コンクリート造と比べて層間変位（各階の水平方向の変位の違い）が大きいため，きしみ音が発生しやすい。**図 2.25** に示すような石膏ボードを用いた間仕切壁は，ボード材料と骨組みなど複数の部材で構成されており，層間変位が生じたときに変形による破損を防ぐために多少動けるようになっている。そのため，建物が揺れたときに部材の間で摩擦が生じ，それによって音が発生しやすい。このようなきしみ音を小さくするために，摩擦が生じやすい箇所にテープなどを貼って部材を滑らせるような工夫がなされている。

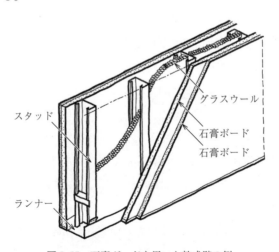

図 2.25 石膏ボードを用いた乾式壁の例

2.7　快適な住環境を目指して

住宅では十分な睡眠がとれることが大事で，WHO（世界保健機構）では寝室における夜間の騒音の程度として騒音レベルの時間的な平均を表す**等価騒音レベル**（6.3.4項参照）で 30 dB 以下を推奨している。これは理想に近い値で，都市部ではなかなか実現が難しい。ヨーロッパのいくつかの国では，道路，鉄道，空港などの騒音が大きな場所には，住宅，学校，病院などの静穏を要する建物の建設を制限したり，建てる場合には建物側に必要な遮音性能を規定している例も見られる。まだ日本ではそのような制度的な仕組みはないが，沿道や沿線に住宅を建てる場合には，遮音性能にも十分な配慮が必要である。地方自治体によっては，住宅などの建設にあたって，遮音性能についても事前の検討を指導している例もある。

「騒音に係る環境基準」（6.5.1項の〔5〕参照）では，一般的な住宅の遮音性能（内外音圧レベル差）として騒音レベルで 25 dB を想定しているが，都市部などで騒音が大きな場所に建設される住宅では，それ以上の遮音性能が必要となる。とはいえ，前述のとおり室内の騒音レベルが低すぎると，建物内部で発生する小さな音でも気になることがあるので，室内を適度なレベルに保つことも必要である。

近接した住宅の間では，音に関するトラブルが発生しやすい。特に，異なる住戸が隣接する集合住宅では，生活に伴って発生する音や振動が互いに迷惑になることがある。これをできるだけ防ぐために，最近の集合住宅では本章で述べたような建築的な工夫がなされている。今後も改良のためのさらなる工夫が必要であるが，それと同時に，住まい方のマナーも高めていくことも必要であろう。

3 学校における音

　学校というと小学校から中学校，高等学校，さらには大学まで含まれるが，本章では活動の内容が最も多彩な小学校を中心に，教育施設における音環境について考える。

　学校は，児童にとって一日のうちで長い時間を過ごす場所で，その環境条件として，採光や空気環境などの保全については法的な規定がなされてきているが，最近では環境条件の一つとして音環境の重要性も認識されるようになってきた。

　学校では多様な内容の授業（**図3.1**），実験や工作，音楽鑑賞や楽器演奏，さらには体育や運動まで，さまざまな活動が目まぐるしく展開する。このような活動に伴って発生する音の種類や大きさ，またその活動のために必要な空間の音環境の条件も大きく異なる。普通の教室では，$60 \sim 70 \, \mathrm{m}^2$ 程度の広さの

図3.1　小学校における授業風景

部屋に30〜40人の児童が一つのグループを形成している。そのような高密度な空間が壁一枚を隔てて隣り合う状況で多様な活動が繰り広げられるわけで，互いに妨害し合うことを避けるためには，まず適度な音響的な隔離（遮音）が必要である。また，教育活動では音声による情報のやり取りがきわめて重要で，先生や児童の発言が明瞭に聞こえる空間でなければならない。

　文部科学省では，各種学校の施設整備に関する指針を発行している。小学校に関する指針の中での音環境にも関連する課題としては，「多様な学習形態，弾力的な集団による活動を可能とする施設」，「総合的な学習の推進のための施設」の重要性が述べられている。これらの条件を実現するためには，空間がフレキシブルに使用できることと，それぞれの空間の間の遮音性能の確保の両立など，音環境の観点からの対処が重要である。また，この指針の平成19年の改正では，「特別支援教育の推進のための施設」として障害をもつ児童に対する配慮，平成22年の改正では，「国際理解の推進のための施設」として外国語の指導や外国人児童の受入れに対する配慮の重要性も加えられている。このように，学校には多様な児童が学習する空間として良好な音環境を確保する必要性がますます高まってきている。本章では，そのための音響的条件を整理し，その実現のために必要な事項について述べる。

3.1　教室における音の重要性

3.1.1　教室の音環境の必要条件

　ここでは一般的な教室を取り上げ，その中で良好な音環境を保つための条件を考える。

〔1〕　**室内の静けさ**　聴覚・言語の発達段階にある子どもは，音声情報を正確に聞き取るために大人よりも静かな環境が必要で，低年齢ほど聞き取りの正確さに騒音が与える影響は大きい。したがって，教室の基本的な条件として，外部からの騒音や室内の設備類などの騒音が授業の妨害になってはならない。室内の静けさを保つためには，道路騒音などの外部からの騒音の遮断，隣

接する諸室からの音の伝搬の防止が必要である．また，最近では空調設備やコンピュータ関連機器，視聴覚設備など教室内にも騒音源となるものが増えてきており，その対策も大切である．

〔2〕**遮音性能**　上に述べたように，室内の静けさを保つためには，窓を含む外周壁の遮音性能，および教室間の壁の遮音性能を確保しなければならない．そのうち，外周壁の遮音性能は，ほとんどの場合，窓の遮音性能によって決定されるので，後で述べるように，外部騒音が大きい場合には遮音性の高い窓サッシを用いるなどの配慮が求められる．

室間の必要遮音性能は，隣接する室の組合せによっても異なり，音源側で想定される発生音の大きさと，受音側で必要とされる室内の静けさの組合せで考える必要がある．教師や児童の音声が主要な音源となる一般的な教室での発生音は，大きいときで**騒音レベル**で 80 dB 程度，音楽室や体育館などでは 95 dB 以上になることもある．このような室内の発生音が，隣接した教室における活動を妨害することがあってはならない．また，この**空気伝搬音**の問題とは別に，上の階での歩行や机や椅子の移動などによって下階の教室で大きな**床衝撃音**が発生することも大きな問題である．これを低減するためには，剛性の高い床構造を採用する必要がある．

〔3〕**室内の響き**　教室内の響き（残響）は話し声の聞き取りやすさと密接な関係がある．響きが短すぎると離れた距離での音の減衰が大きく，そのために明瞭度が低下することもある．響きが長すぎると音声の明瞭度が低下し，それをカバーするためによりいっそう大きな声を出すようになって，ますます喧噪感が高まることになる．それだけでなく，外部から入ってくる騒音の減衰も小さくなり，それによっても室内の静けさが損なわれる．このような状態では，授業などを落ち着いた雰囲気で行うことは難しい．教室には適度な響きを確保することが求められるが，一般的には長い響きによって問題が生じる場合が多く，これを避けるためには，室内に適度な吸音性能をもたせる必要がある（**コラム 3.1** 参照）．

音楽室や講堂などでは，さらに室内の音響特性に注意を払う必要がある．室

の用途に応じて適切な**残響時間**(1.2.7項参照)を設定し,その実現のために内装計画が行われる。また,平行した壁面の間で音が往復反射して生じるフラッターエコーや,遠くの壁などから反射音が遅れて聞こえる山びこ現象(ロングパスエコー)などのエコー障害を防ぐために,部屋の基本形状や音を乱反射させるための拡散デザインなど,ホールに準じた音響設計が必要となる(5.6節参照)。

3.1.2　音が問題となっている事例

最近20〜30年の間に,学校における教育の理念や運営方法について新たな提案が行われ,それに伴って建築計画の面でも多様な試みが行われている[1]†。また,学校建築は非常災害時の避難施設としての機能も備えていなければならないことから,耐震性,安全性,衛生面などに重点が置かれ,省エネルギーも重要な項目となりつつある。しかし,環境性能の一つとして重要な音環境については,これまでとかくなおざりにされる傾向があった。

従来の学校における教室配置としては,間仕切壁によって分離された教室群が廊下に沿って配列された**片廊下式**が伝統的で,独立したそれぞれの教室で講義型授業を行ううえでは適していた。それに対して最近の小学校では,**図3.2**のように,複数の教室が共用のオープンスペースで連結されているオープンプ

図3.2　オープンプラン型教室配置の例

---

†　肩付き数字は,巻末の引用・参考文献番号を表す。

ラン型の教室配置（以下，**オープン教室**と呼ぶ）がしばしば採用されている。

この形式は，「子どもたちの主体的な学び」という点を重視し，「多様な学習形態や弾力的な集団による活動」をサポートする空間として提案された。子どもたち一人ひとりが自分のやり方で学び取ろうとしたとき，自分に合った情報を求めたり，仲間と話し合ったり，自分に合った方法で，場所で，もので，…というように能動的な学習活動は多様なものとなる。「教える-教わる」だけでなく，教科・単元や固定的な集団，習得方法などの枠を取り払った多様活動が同時に発生する学習スタイルが取り入れられ，学級の枠を越えて複数の教師で児童を見守る関係を築こうとするとき，オープン教室はそれらを支える空間となりうる。

このように，オープン教室には空間的なフレキシビリティや多様な学習に弾力的に対応しやすいという特長があるが，隣り合う教室の間に壁がないので，従来どおりの授業のしかたでは隣接教室間で互いの授業が妨害し合うことになりかねない。また，オープン教室の特長を活かした授業のしかたを工夫したとしても，教室スペース間の音の伝搬は極力小さくする必要があり，後に述べるような音響的な工夫が欠かせない。

教室どうしが連結しているだけでなく，吹抜けの多目的室（ホール）の周辺にオープン教室が配置されている場合もある。このように多数の教室が空間的に連続してしまうと，多くの教室での活動が互いに影響し合うことになり，ある教室での歌声が学校全体に響き渡るという事態も起こりうる。さらに最近では"空間の連続性"に設計の主眼が置かれることがあり，体育館，音楽室，工作室など，大きな音を発生する教室が空間的に連続して配置されている例も見られる。また，このような大きな音が出やすい室が一般教室につながっていたり，体育館を一般教室の直上に配置しているために，教室で床衝撃音が大きな問題となっている事例もある。

学校建築では，建設コストの制約やメンテナンスの面から反射性の仕上げが多く，吸音不足で音が響きすぎている例が多い。特に学校の中で最も発生音が大きな施設である体育館などでは，体育の授業や競技の音が響き渡り，室内にいる人にも音響的に大きなストレスになるばかりでなく，その音が周辺の室に

大きな影響を及ぼす。そのほかにも、最近の学校では移動空間としてのアトリウム（**図3.3**）やランチルーム（**図3.4**）などが設けられることが多いが、これらの空間は容積が大きい。一般に残響時間は容積に比例して長くなるため（1.2.7項参照）、吸音が不足すると音がワンワンと響く喧噪感の高い空間となってしまう。

音楽室となると音響的配慮が必要であることが理解されやすく、吸音処理が施されていることが多いが、過度な吸音のために音の響きが極端に短くなってしまっている例も見られる。また、音楽室→吸音処理→孔あき板という短絡的な考えで、周波数選択性が強い共鳴器型吸音構造の一つである孔あき板吸音構造（**コラム3.1**参照）を壁や天井に一様な断面構造で使用したために、音楽

図3.3　アトリウム空間の例

図3.4　ランチルームの例

コラム 3.1　吸音構造の種類と特徴

建物や乗り物の室内の響きを抑えるために，いろいろな吸音材料・構造が用いられている。それらを吸音のメカニズムで分類すると以下のとおりで，図に示すようにそれぞれ特徴的な吸音の周波数特性をもっている。

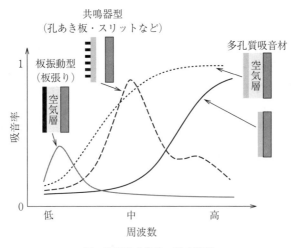

図　各種吸音構造の吸音特性

（1）多孔質吸音材料　グラスウール，岩綿，厚手の布など通気性をもつ材料に音が当たると，その内部の空気も振動し，その際に摩擦によって音のエネルギーが熱に変換されて吸音効果が生じる。この種の材料は，周波数が高くなるにつれ吸音率が上昇する特性をもっている。同じ材料であれば，厚さが大きいほど，また同じ材料であれば背後に空気層を設けることによって，広い周波数にわたって吸音率は増大する。

（2）共鳴器型吸音機構　壺あるいは瓶状の容器に音が当たると，ネックの部分の空気が質量，胴の部分の空気がバネの働きをして共鳴（ヘルムホルツ共鳴）が生じる。その際，入射した音のエネルギーの一部は摩擦によって熱に変換され，吸音の効果が生じる。背後に空気層を設けて孔あき板を張った構造なども，多数の壺が並んだものと見なすことができ，同じような共鳴による吸音効果をもっている。このような吸音の原理から，この種の吸音構造は周波数選択性の高い吸音特性をもっているので，周波数特性に注意して用いる必要がある。

（3）板振動型吸音機構　室内の仕上げとして板張りがよく用いられるが，このような構造では，表面の板とそれを支えるための下地構造および背後の空気層からなる共振系が形成され，その共振周波数の音が当たると板が激しく振動し，摩擦によって吸音効果が生じる。その周波数は，一般の仕上げでは 100 Hz 以下の低周波数になり，低音の吸音に利用することがある。

に重要な中音域の響きが極端に不足し，音楽室として適さない残響特性となっている例もある。このような音が特に大切な部屋については，後で述べるようにホールの設計と同じような音響的考慮が必要となる。

3.2 学校の音響計画・設計

最近では，学校建築についても音の重要性が認識されはじめ，建築音響の分野でも一つの研究対象となりつつある。またその成果を実際の学校の設計に活かすために，2008年3月に日本建築学会から**『学校施設の音環境保全規準・設計指針』**（以下，『音環境保全規準』と呼ぶ）が刊行された[2]。これは学術的な立場から学校における望ましい音環境のあり方を示したガイドラインで，学校建築の計画・設計に携わる関係者を対象として，学校に必要な音響性能や，それを実現するための基本的な音響設計手法がまとめられている。ここでは，この『音環境保全規準』の内容に沿って，学校の音環境づくりの考え方を述べる。

3.2.1 計画段階で必要な音響的配慮

学校は多様な用途の施設の集合で，全体としてうまく機能するためには内部の動線計画や諸室の配置が重要であるが，それと同時に音響的な視点からの配慮が欠かせない。3.1.1項で述べたような音環境条件を確保するためには，基本設計段階から敷地内の全体計画，諸室の配置計画，各室の音響条件の設定とその実現方法について十分に考慮することが大切である。

〔1〕 **全体の配置計画** 学校は静穏性が必要な建物の代表的なものであり，外部からの騒音の影響をできるだけ少なくする必要がある。それと同時に，学校で行われる屋外での諸活動や音楽練習などが近隣に対して騒音源にもなりうる。したがって，学校の配置計画ではこれら二つのことを考慮しなければならない。

まず，外部騒音の防止の点を考えると，図3.5に示すように道路や鉄道，航空機の航路などが近い場合，あるいは大きな音を出す工場施設などが近接している場合には，敷地内におけるそれらの騒音の程度を測定などによって事前に把握し，その影響を最小にするようにするように配置計画が行われる。具体的には，騒音源側に運動場などのオープンスペースをとったり，体育館やプールなど外部騒音の影響を受けにくい施設を配置するなどの配置計画が有効である。また，外部騒音を遮蔽する位置に，防音塀や高層の建物を設置することも効果がある。生け垣や並木などの植栽は，騒音源を視覚的に遮ることによる心理的効果は期待できるが，音を遮蔽する物理的効果はほとんどない。

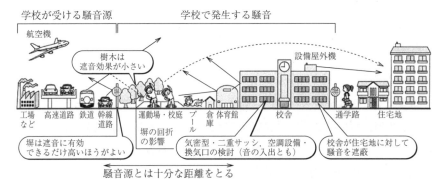

図3.5 学校の周辺地域との関係における音響的配慮[2]

室の配置計画では，外部の騒音源に近い位置に静けさを必要とする室を配置することは避け，やむを得ず配置する場合には，廊下などの音響的な緩衝空間を騒音源側に設けることが望ましい。

一方，学校で発生する音が近隣地域にとっての騒音として問題となるケースも多い。特に周辺に住宅や病院がある場合には注意が必要である。運動場，体育館，工作室，音楽室などで日常的に発生する音や，運動会や文化祭などのイベント時に発生する音は問題となりやすい。特に都市部では，学校における部

活動・運動会・音楽・体育などの活動が近隣から騒音として指摘されることが多く，大都市では8～9割の学校で運用上の配慮を行っているというデータもある。運用上の負担を軽減し問題が深刻化することを避けるためには，運動場や体育館などは道路など外部騒音の大きい側に配置し，近隣の住宅などからはできるだけ離すような工夫が望まれる。また，校庭に向かって校内放送用の拡声スピーカが設置されることが多いが，近隣に対する影響を考慮して，その設置場所，放射指向性，音量などに十分注意しなければならない。

〔2〕 **諸室の配置** 学校施設には，室内での発生音の大きさと静けさの要求レベルが異なるいろいろな用途の室が含まれるため，各室の使用状況や周辺の動線を把握し，大きな音が出やすい室と静けさを必要とする室をゾーニングで分けて配置することが望ましい。体育館や音楽室などの発生音の大きな室と一般教室など静けさが必要とされる室を隣接させざるを得ない場合には，高い遮音性能を確保しなければならない。特に発生音や床衝撃が大きな室と保健室や音楽室などを隣接させることは避けるべきである。また，体育館，屋内プール，工作室，厨房のように大きな床衝撃音を発生する施設は，静けさを必要とする室の上階へ配置することは極力避ける必要がある。

〔3〕 **諸室内の音環境** 学校施設にはいろいろな室が含まれており，それぞれの用途によって，室内での音の発生状況および必要とされる静けさや響きの程度などが異なる。学校施設内の代表的な諸室について，これらの条件（各項目のカテゴリーについては後述）は，**表3.1**に示すとおりにまとめられる。

学習場面では，授業の内容によってさまざまな音の発生状況がある。このような状況を踏まえ，表3.1では室内における発生音は小，中（1），中（2），大の4段階に分類されている。その具体的な内容は**表3.2**に示すとおりで，学校における諸活動の観察や実態調査からまとめられた。

表3.1の中の必要な静けさについては，A（静かな状態が必要），B（静かな状態が望ましい），C（それほど静けさを必要としない）の3段階に分類されている。Aランクは，保健室，難聴学級用教室，音楽室，視聴覚室，講堂など

3.2 学校の音響計画・設計

表3.1 学校内の諸室における発生音の大きさ，必要な静けさおよび適度な響き[2]

室・場所	活動内容	発生音[*1]	床衝撃音[*2]	必要な静けさ[*3]	響きの程度
保健室・診療室		小		A	中庸
教室	授業	中（1）		B	中庸
難聴学級教室	聴能・発声訓練	中（1）		A	短め
音楽室	授業（演奏，鑑賞）	大		A	中庸
音楽練習室	ブラスバンド練習	大		A	短め
	合唱，器楽練習（オーケストラなど）	大		A	長め
理科室	実験	中（2）		B	中庸
調理室	調理実習	中（2）		B	中庸
技術・工作室	工作実習，製図	大	○	B	短め
講堂	式典，講演会	大		A	中庸
体育館	授業（体育）	大	○	C	中庸

*1 表3.2参照。
*2 ○：活動に伴い大きな床衝撃音が発生し，下階で支障となることが予想される室。
*3 A：静かな状態が必要，B：静かな状態が望ましい，C：それほど静けさを必要としない。

(出典：『音環境保全規準』をもとに編集)

表3.2 諸室で想定される発生音の大きさ[2]

	室・場所と想定条件	騒音レベル〔dB〕
小	少人数のコミュニケーションに伴う音声が主音源となる室（保健室，放送室など）	50
中(1)	学級規模での音声伝達・コミュニケーションに伴う音声が主音源となる室（教室，図書室など）	50〜70（最大80）
中(2)	音声以外に実習や実験などに伴う発生音が生じる室（理科室，調理室，食事室など）	60〜80（最大85）
大	作業や運動に伴う発生音や楽器練習，オーディオ再生音などが加わる室（音楽室，工作室，体育館，講堂，厨房など）	70〜90（最大95）

(出典：『音環境保全規準』をもとに編集)

特に静けさを保つことが必要な室である。Bランクは，授業を行う教室（特別教室も含む）など，音声によるコミュニケーションが支障なく行える程度の静けさを必要とする室である。教師の声は一般的に室内平均の騒音レベルで60～70 dB，児童の声は55～65 dB程度であり，これらの音声が無理なく聞き取れるためには，外部からの騒音は騒音レベルで40 dB程度に抑えることが望ましい。Cランクは，体育館や屋内プールなど，活発な動作を伴う活動が主体の施設であり，一般教室ほどの静けさは必要としない。

室内の響きの程度については，一般的な授業などにおける音声伝達やコミュニケーションが主となる室の響きを"中庸"とし，難聴学級教室や視聴覚室など特に明瞭な音が必要とされる室や大きな音が発生する工作室などでは"短め"，合唱の音楽練習室などである程度の響きが必要な室では"長め"が設定されている。音楽練習室については，楽器編成によって望ましい響きが異なることが示されている（3.2.3項〔4〕参照）。

3.2.2　諸室に必要な音響性能と設計の概略

3.2.1項で述べた学校の諸室に必要な音環境条件を満たすために，具体的には以下に述べるような性能の確保を目標として，音響設計が行われる。

〔1〕**室内の騒音**　教育の場では，室内が適度な静けさに保たれていることが最も基本的な条件である。この点について，『音環境保全規準』では**表3.3**に示す室内騒音の推奨値が設定されている。この推奨値は，空室時で扉や

表3.3　室内騒音の推奨値[2]

室・場所		推奨値（L_{Aeq}）
A	静かな状態が必要とされる室（音楽室，講堂，保健室など）	35
B	静かな状態が望ましい室（教室，工作室，職員室など）	40
C	それほど静けさを必要としない室（体育館，屋内プールなど）	45

窓を閉め，空調機などの室内の設備を運転した状態における騒音レベルの時間的平均値を表す**等価騒音レベル**（6.3.4項参照）L_{Aeq}で表されている。

表3.3では，教室など音声によるコミュニケーションが主体となる室では40 dB，音楽室，講堂，保健室など特に静けさが必要な室では35 dB以下が推奨値とされている。これらの条件を満たすためには，交通騒音などの外部騒音を十分に遮断し，隣接諸室からの音の伝搬も防ぐ必要がある。また，室内に設置されている空調設備，コンピュータ関連機器，視聴覚機器などについても騒音対策に配慮しなければならない。

〔2〕 **遮音性能** 上に述べたような室内の静けさの条件を満たすためには，外部からの騒音の遮断，室間の遮音性能および床衝撃音遮断性能を確保する必要がある。

（a） **外部騒音の遮断** 道路や鉄道などの外部騒音が問題となる場合には，3.2.1項で述べたように配置計画の段階での配慮が重要である。つぎに建物側での対策としては，騒音源側に廊下などの緩衝空間を設けることができれば，遮音のうえで大きな効果がある。やむなく教室などが騒音源に直接面する場合には，気密性の高い窓サッシや二重窓の採用によって高い遮音性能を確保する必要がある。

（b） **室間の遮音性能** 各教室で別々の教育活動が支障なく行えるためには，他の室，特に隣室からの音に妨害されるようではならない。そのためには，室間に適切な遮音性能を確保する必要がある。その程度は，隣接する室の種類の組合せによって異なる。このような遮音の程度を表す尺度としては，隣接する2室の空間平均的な遮音の程度を表す**室間音圧レベル差**が用いられている（2.3.2項参照）。音声などで主要な周波数成分である500 Hzを中心とする中音域に着目すると，一般の教室間では40 dB以上，体育館，音楽室，工作室などの大きな音が出る室と一般教室の間では，55 dB以上の室間音圧レベル差を確保しなければならない。55 dB以上の遮音となると1枚の壁だけでは難しく，中間に準備室・倉庫や前室などを設けるなどの工夫が必要となる。

室間の音の伝搬経路としては，壁だけでなく窓や出入口を迂回する経路もあ

る。このような**側路伝搬**による遮音性能低下を防ぐためには，できるだけ伝搬経路を長くしたり，伝搬経路となる廊下などのスペースを吸音処理することが有効である。日本の学校でよく用いられている引き戸タイプの出入口では，四周にすきまができやすく，これが遮音上の弱点となりやすいため，側路伝搬への対策は重要である。

遮音性能が不足しやすいケースとして，教室の運用上のフレキシビリティを確保するために用いられる**可動間仕切壁**がある。可動間仕切壁は壁体ユニットの接合部や天井・床との間にすきまが生じやすく，あまり高い遮音性能は期待できない。また，前にも述べたオープン教室では，教室が空間的に連続しているので，当然のことながら閉鎖型の教室に比べて室間の遮音性能は低く，上に述べたような遮音性能を確保することは到底無理である。オープン教室に関する音響的な留意点については3.2.3項の〔1〕で述べる。

（**c**）**床衝撃音遮断性能**　　上下に配置された教室では，上階の教室での歩行や走り回り，机・椅子の引きずり，物の落下などによって床に衝撃が加わり，それが下階の室で衝撃音として聞こえることがしばしば問題となる。この**床衝撃音**の問題は2章で述べた集合住宅などと同じで，標準的な衝撃源（軽量衝撃源：タッピングマシン，重量衝撃源：ゴムボールおよびタイヤ）を用いた測定方法に基づいて評価が行われている（2.4.3項参照）。対策の方法としては，床スラブの面密度と剛性の増加，カーペットや緩衝材付きの仕上材の使用，下階での防振天井（**図3.6**）の採用などが行われている。

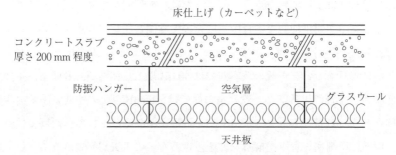

図3.6　床衝撃音低減のための防振天井の例

また，机や椅子の引きずりによる床衝撃については，それらの脚部にゴムなどの緩衝材料を付けることによってもある程度防止できる。椅子の足にテニスボールを取り付けることもよく行われており，対策として有効である。体育館や水泳プールなどでは大きな床衝撃が発生するので，その下階に教室など静けさが要求される室を配置することは極力避けなければならない。やむを得ない場合には，浮き床構造（2.4.1項参照）などを採用する必要がある。

最近では，木の質感のよさや木材使用の普及・促進などによって木造建築が見直され，学校建築でも木造校舎への回帰の動きが見られる。しかし，何といっても木材は質量が小さく，通常の構造では遮音や床衝撃音を防ぐうえではきわめて不利である。

〔3〕 **室内の響き**　前にも述べたように，教室内の響きが長すぎると，授業の中で教師の話が聞こえにくかったり，教師と児童の会話によるやり取りがしにくくなる。このような状況では，教師は必要以上に大きな声を出さざるを得なくなり，長時間にわたると疲労が蓄積したり，のどを痛めるなど発声障害の原因ともなる。また，騒音がなかなか減衰せずに室内に留まるため，喧噪感が高い落ち着かない室内環境になってしまう。そこで，『音環境保全規準』では，室の用途別に最適な**残響時間の推奨値**と，それを実現するための**平均吸音率**が**表3.4**のようにまとめられている。ここで，平均吸音率とは室表面の各部位の吸音率とその面積の積の総和を室内総表面積で除した値である。この表で，残響時間と平均吸音率は中音域（500 Hz）の値で代表されている。最適な残響時間は，同じ用途の室でも室容積が大きくなるにつれて長めとなるのが物理的にも聴感的にも自然であり，表では目安となる室容積における推奨値を示している。

一般的な教室や実習・工作室などについては，0.2程度の平均吸音率が推奨されており，これは天井や壁の上部を適切に吸音すれば容易に実現される。

音楽室や講堂など特に音響性能が重要な室については，残響時間の周波数特性も重要となり，いろいろな吸音機構を組み合わせて，低音から高音までなるべく一様な残響時間となるように音響設計を綿密に行う必要がある。それと同

3. 学校における音

表3.4 残響時間の推奨値[2)]

響きの程度	室・場所	残響時間	(参考) 平均吸音率
中庸な響きが適する室	普通教室	0.6秒（200 m^3 程度）	0.2 程度
	特別教室（被服室，理科室，工作室）	0.7秒（300 m^3 程度）	0.2 程度
	体育館，屋内プール	1.6秒（5 000 m^3 程度）	0.2 程度
	講堂（式典用）	1.3秒（5 000 m^3 程度）	0.25 程度
	食堂，共用スペース（廊下，階段室など）	—	0.15 以上
短めの響きが適する室	音楽練習室（ブラスバンド練習用）	0.6秒（300 m^3 程度）	0.25 程度
	視聴覚室，難聴学級教室など	0.4秒（300 m^3 程度）	0.3 程度
多少長めの響きが適する室	音楽練習室（合唱，器楽練習用）	0.9秒（300 m^3 程度）	0.15 程度

時に，フラッターエコーなどの音響障害の発生防止についても配慮しなければならない。また，体育館，多数の人が集まるアトリウム空間やエントランスホール，ランチルームなどの多目的空間は音響的配慮が忘れられがちで，ワーンとした喧噪感の高い空間になっている例が多い。これらの空間にも，天井や壁に十分な吸音処理が必要とされる。

3.2.3 特に音響的配慮を要する室の設計

オープン教室，講堂，体育館，音楽室など，学校施設の中でも特に音響的性能が重要な室や施設について，また，これまであまり注意が払われてこなかった難聴学級用教室，知的・情緒などの障害をもつ児童や未就学児童のための教育・保育空間について，音響的に必要な条件とその具体的な実現方法について以下に述べる。

〔1〕 **オープン教室**　空間的に連続しているオープン教室では，それに適した運用を行わなければならないが，それでも，建築的になるべく音が伝わりにくくする工夫が必要である。まず，**図3.7**に示すように，教室およびオー

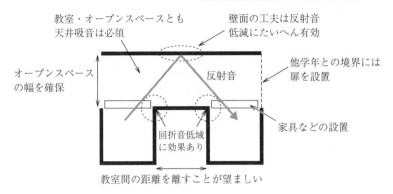

図 3.7 オープン教室における音の伝搬を低減するための工夫（平面図）[2]

プンスペース（共用空間）の天井を吸音処理することは必須条件である。それを実際に行った例を**図 3.8**に示す。この例では，複数の吸音材料を用いることで，広い周波数にわたって高い吸音性能を確保している。

図 3.8 オープン教室の天井吸音の例（千葉県・千葉市立美浜打瀬小学校）

図 3.9は，左の教室で発せられた音が右の教室に伝搬する際に，天井面を吸音した場合としなかった場合の床上 1.2 m における音圧レベル分布の違いを数値計算によって調べた結果である[3]。これを見ると天井の吸音率が高いほど右の教室の色が濃くなっていて，音圧レベルの減少が大きいことがわかる

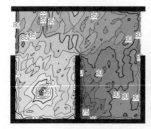 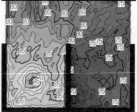 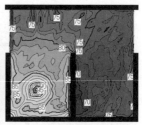

　　（a）　天井吸音率0.1　　　（b）　天井吸音率0.4　　　（c）　天井吸音率0.8
　　床上1.2mにおける音圧レベルの分布：色が濃いほど音圧レベルが低い。
　　図3.9　隣接する教室スペース間の音の伝搬に対する天井面の吸音の効果

(🖱2)。また，図3.7に示したように，オープンスペースの壁の一部を吸音処理して反射音を防いだり，隣接する教室の間に中庭などを設けて間隔をあけることができれば，音は伝わりにくくなる。教室がオープンスペースを挟んで向き合う対向型の教室配置の場合には，**図3.10**に示すようにオープンスペースにベンチなどの家具を配し，教室間で音が直接伝わりにくくする工夫も効果がある。

　　図3.10　対向型オープン教室の共用スペースに部分的な間仕切
　　　　　　と家具を置いた例（千葉県・千葉市立美浜打瀬小学校）

　教室とオープンスペースとの間に引戸や可動間仕切を付けたセミオープン教室もある。この方法によれば，必要なときにある程度の遮音性能を得ることができる。

このような工夫をしても，オープン教室では片廊下型（閉鎖型）教室に比べて音は伝わりやすい。したがって，音楽の授業や大きな音を発生する活動をオープン教室で行うことを避けるために，十分な遮音性能をもつ教室も別に設けておくことが望ましい。最近では，小学校にも英語の授業が導入されつつあるが，その中で歌やゲームが取り入れられることも多いので，遮音性能が確保された教室が必要となる。また，互いに影響を及ぼし合う教室の数を減らすために，学年別など数教室ごとに遮音区画を設けることも有効である。

〔2〕 **講堂** 学校の全体行事のための講堂では，各種の式典をはじめ，講演，演劇，音楽演奏などが行われるので，ホールに準じた音響設計が必要となる（5.6節参照）。式典などで拡声設備を使用する場合には，音声が明瞭に聞き取れることが重要で，800席（5 000 m^3）程度の規模では，残響時間として1.3秒が推奨されている。室内音響設計の要点としては，舞台内部の吸音処理，ロングパスエコー防止のための後壁の吸音処理，平行な壁の間で生じるフラッターエコー防止のための壁面の拡散・吸音処理などがあげられる。

講堂では一般の多目的ホールに準じた性能をもつ電気音響設備が設置され，ハウリングの防止，拡声音の音圧レベルが聴取エリア全体にわたってなるべく均一になることなどに注意が払われる。

〔3〕 **体育館** 3.1.2項でも述べたように，体育館でよくある問題は，大容積であるにもかかわらず吸音が不足し，残響過多となって喧噪感が高くなることである。本来の目的である運動に使用しているときでも，このような状態は決して好ましいことではない。さらに体育館は，本来の用途以外に集会や講演，各種のイベントのための多目的スペースとして用いられることが多く，そのような用途で電気音響設備を使用する場合には，残響過多によって音声の明瞭性の確保が難しい。そこで，『音環境保全規準』では，標準的な小中学校の体育館（幅20 m×奥行30 m×高さ8 m程度）の残響時間として1.6秒が推奨されている。一般に，体育館は採光のためにガラス面が多く，吸音できる部位が限られるが，この推奨値を満足するためには，少なくとも天井面は多孔質吸音材を用いて全面的に吸音する必要がある。壁面についても，表面の強度が確

保できる吸音構法を用いて，できる限りの吸音を図ることが望ましい。**図3.11** は，体育館の天井と壁を十分に吸音処理した例である。このような吸音処理の効果は，体育館内部の響きを抑えるだけでなく，外部への音の漏れを小さくするうえでも効果的である。

図3.11 体育館の天井・壁を吸音処理した例（千葉県・千葉市立美浜打瀬小学校）

なお，体育館は発生音および床衝撃が学校施設の中で最も大きいので，配置計画の際に他の室に対する影響を十分に考えておく必要がある。

〔4〕 **音楽室**　音楽室の音響性能としては，まず外部や隣室からの音，空調設備などの音が騒音として問題にならないことが必要である。さらに，音楽に適度な響きがつくように適切な残響時間をもっていることが重要である。残響時間については，心地よい響きが求められる合唱や器楽（オーケストラなど）の練習にはやや長め，屋外での演奏を前提として楽器のパワーも大きいブラスバンドの練習や音楽鑑賞にはやや短めが適している。このような残響時間を実現するための設計では，その周波数特性がなるべく平たんになることも重要で，そのためには，各種の吸音材料・構造（**コラム3.1参照**）の吸音原理とそれによる吸音の周波数特性の違いも十分に理解し，適当な内装仕上げを設計する必要がある。

一つの音楽室が多目的に使用される場合には，吸音性の高い厚手のカーテン

を設置して，その開閉によって残響時間を調整することもよく行われている。

音楽室では，一般のホールや講堂などと同じように，フラッターエコーや反射音の集中による音の焦点などの音響障害を防止するために，大きな凹曲面や勾配の緩い天井などは避ける必要がある。建築意匠上の理由から円形，楕円形，扇形，多角形などの室形状が採用されることもあるが，これらの形状は音の焦点が生じやすいので，壁面に十分な凹凸をつけて音の拡散を図ることが大切である。直方体の室形状を採用する場合には，平行する壁面間で生じるフ

図 3.12 音楽室の例（埼玉県・戸田市立芦原小学校）

図 3.13 窓面を屏風状の拡散形状とした音楽室の例
（神奈川県・横須賀市立横須賀総合高校）

ラッターエコーを防ぐために，少なくとも一方の壁を拡散形状にする，傾斜を付ける，吸音処理するなどの配慮が必要である．また，容積が小さい部屋では低音域の特定の周波数で室が共鳴する現象（**ブーミング**）が生じるので，室の縦・横・高さの寸法比がなるべく単純な整数比とならないようにする．**図3.12**に示す音楽室の例では，壁や掲示板が拡散効果をもつように工夫されている．**図3.13**の例では，窓を閉めた状態で屏風折れの拡散形状になるように設計されている．

〔5〕 **難聴学級用教室** 比較的軽度の聴覚障害をもつ児童は，学校での大半の時間を健常児とともに普通教室で過ごしているが，必要に応じて難聴学級教室で聴能・発声の訓練や教科指導を受けている．このような用途のための難聴学級教室には，特に音響的配慮が重要である[4]．

難聴学級教室は，難聴児が意識を集中して聴能・発声訓練を行う場であるため，できる限り静かな状態とすることが望ましく，室内騒音および遮音性能については普通教室よりも良好な条件にする必要がある．室内の響きについても，音声の聴取を容易にするために，0.4秒程度の短めの残響時間に抑えることが望ましい．

難聴学級教室には，個別指導室，集団指導室，聴力検査室，観察室，待合室，言語障害学級などが併設される場合もある．これらの室は，学校の中でもできるだけ静かな場所に配置することが必要で，これらの室と共通部分の間に待合室や準備室などを設けて遮音性能を確保することも効果的である．

〔6〕 **特別支援教育のための音環境** 最近では，種々の障害をもつ子どもに対するケアの必要性が強く認識されるようになり，児童教育の大きな課題の一つとなってきている．聴覚障害をもつ児童の特別支援教育では，聴力的にきわめて不利な条件下で補聴器や集団補聴システムが利用されており，教室の音環境条件としては，室内騒音や室の反射を極力減じることが望まれている．また，自閉症など発達障害の子どもの中には，騒音に対する感覚が健常児よりも鋭敏で，特定の音に対して強い妨害感を訴える例や，意味性をもつ一連の音（言語や音楽）を騒音から分離して聞き分けることが困難な例があるといわれ

ている。パニック状態の鎮静にリラックススペースと呼ばれる，周囲から離れてやや閉じられた落ち着いた空間が使われることもある。このような知覚や行動の特殊性を考えると，障害をもつ児童の生活・学習空間における音環境の計画では，一般の保育・教育施設以上に，良質な音環境を確保するための配慮が必要である[5]。

〔7〕　**未就学児童のための音環境**　　保育園・幼稚園の保育室についても，これまで音環境保全の重要性の認識が低く，さまざまな課題を抱えている[6]。

　外部との関係では，敷地や設置条件の面で良好な音環境が確保できていないケースも多い。保育所は制度上，住居や学校，病院などを建てることのできない工業専用地域にもつくることができ，現状では騒音や振動についての基準がないため，幹線道路沿いなどの環境騒音レベルの高い場所にも設置することができる。最近の保育ニーズの高まりを受けて，特に都市部では保育施設の増設が進んでいるが，利便性の面で有利な鉄道高架下や駅ビルなどに設置されることもあり，そのような場合には特に騒音対策の面で十分な配慮が求められる。また，保育施設から発生する子どもの声が騒音としてとらえられ，園庭での活動や窓を開けてよい時間に制約を設けられてしまう状況も発生している。

　施設内部では，遮音・吸音などの音響的対策の不足によって喧騒感が非常に高くなっている例が多く見られる。なかには，保育施設としての利用を想定してつくられていない建物の一部に設置され，年齢ごとのスペース間が低い棚で仕切られただけで100人以上の乳幼児が一つの室内で保育されている例も見られる。保育室は乳幼児が生活・学びの場として多くの時間を過ごす空間であるから，子どもの発育を支えるために良好な音環境が必要である。その活動には，午睡という学校にはない行為も含まれており，睡眠に対する騒音の影響や，床振動の防止に対する配慮も求められる。

　日本では，保育施設については音響性能に関するガイドラインなどがまだ設定されていないが，諸外国では学校の教室と同程度，あるいはそれより高い性能を規定した基準が定められている例がある。その背景には，まさに言語や聴覚の発達段階にある乳幼児には最良の音環境が必要であるという考え方があ

り，また午睡時の睡眠の質の低下は免疫力低下につながるとの指摘もあることから，学校施設以上に良好な音環境の保全が求められていると考えられる。

3.3 よりよい音環境づくりに向けて

建築計画や音響設計の立場から新たな学校建築の提案がなされ，魅力的な空間の創造が試みられても，実際に建物を使用する学校関係者にその意図が十分に理解されず，設計の意図が活かされていない場合もある。例えば，オープン教室で学級ごとの講義型授業のような従来の教育のしかたをそのまま踏襲すると，教室間で互いの音が妨害し合うことになりかねない。これを防ぐためには，賑やかで大きな音や声を出す活動の際には閉じた教室を使ったり，近隣の教室と時間割を調整するなどの運用上の工夫が必要である。それと同時に，児童にも自分が出す音や行動に気を配ることの必要性を指導することも大切である。図3.14は，オープン教室を利用するうえで日常的に配慮すべき点を児童向けにまとめた掲示の例である[7]。特に生活習慣を身に付ける低学年の指導では，このような注意をもたせることの効果が確認されている。

学校建築の設計者は，学校での営みを十分に把握する必要があり，そのうえで新たな提案をする場合には，その設計の意図や意味を使用者にも伝え，使用状況を継続的に見守る必要がある。使用する側でも，建物の特性を理解したうえで，運用上の工夫をすることが大切である。

最初にも述べたとおり，学校は児童にとってきわめて大切な生活空間であるので，教育活動が支障なく行えるだけでなく，快適な環境でなくてはならない。その要素の一つとして，音環境の重要性に対する認識をさらに高めていく必要がある。

図 3.14 オープン教室での配慮に関する児童向け掲示物

4 公共空間における音

　私たちの日常生活を考えてみると，通勤・通学などのために鉄道の駅を通過し，買い物のためにショッピングアーケードなどに行く。また，旅行では空港ターミナルビルを利用する。これらの不特定多数の人々が利用する空間をここでは**公共空間**と呼ぶことにする。

　このような空間は，それぞれ特定の目的とそのための機能をもっており，そのための条件が備わっていることは当然であるが，それと同時に種々の環境条件を満たしている必要がある。その条件としては，空気や温熱環境などが健康的で快適であると同時に，音響的な環境条件もきわめて重要である。例えば，多数の人が行き交う鉄道の駅や大規模な商業施設などでは，雑踏のために喧噪感が高くなりがちで，直接あるいは電話での会話にも支障をきたし，必要な案内放送が聞き取りにくい状況も生じやすい。特に事故など何か異変が起こったときには放送によるアナウンス情報がきわめて重要である。さらに，地震や火災などの非常災害が発生したときには，避難誘導の放送や警報音などの音響情報が伝わらないようでは安全面からも大きな問題である。

　このような公共空間は，従来は音響学の分野でもあまり重要な研究対象として取り上げられることが少なく，また問題があっても一般の利用者の意識として顕在化しにくいこともあって，設計や建設の段階で音響的配慮が不足しがちであった。しかし最近では，快適性はもちろん，安全性の確保のうえでも音響的条件を整える必要性が強く認識されるようになってきた。本章では，このような公共空間の音の問題について述べる。

4.1 公共空間における音響特性の実態

公共空間の種類は多様であるが，その代表的なものとして鉄道駅のコンコース，空港ターミナルビル，大型商業施設などを対象として，音響的な特徴の調査が行われている[1]。それによれば，行き交う人々の話し声や歩行音，放送音（音声，音楽），空調設備の騒音などによって**騒音レベル**（1.2.3項参照）が80 dBを超えているような場所も少なくないことがわかった。また，一般に公共空間は規模が大きいうえに，汚れ防止や耐火・耐久性のために金属板など反射性の材料で仕上げられていて，空間全体がワーンと響いて放送も聞き取りにくくなっている場所が多い。その中で，**図4.1（a）**に示す羽田空港ターミナル

（a）東京・羽田空港ターミナル

（b）横浜・みなとみらいクィーンズスクエア

（c）東海道新幹線・品川駅

（d）JR京都駅アトリウム

図4.1　公共空間の例

ビルでは壁の高い部分や天井に十分な吸音仕上げが採用され，図 (c) に示す新幹線ホームも天井全体が有孔板を用いた吸音処理が行われているため，これらの空間では放送アナウンスの明瞭性が高い。

代表的な公共空間である鉄道の駅については，特に詳細な調査研究が行われている[2]。その中で，首都圏の 18 の駅のコンコースで測定された騒音レベルの時間平均値を表す**等価騒音レベル**（6.3.4 項参照）を**図 4.2** に示すが，ほと

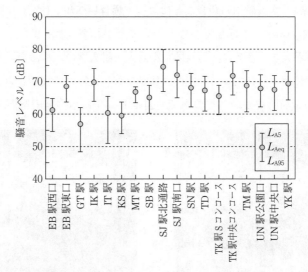

図 4.2 駅コンコースの騒音レベルの実測結果[2]

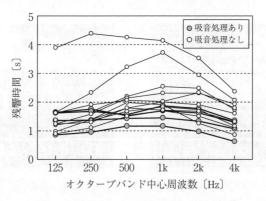

図 4.3 駅コンコースの残響時間の実測結果[2]

んどの空間で 60 ～ 70 dB の範囲となっており，一部の空間では 70 dB を超えている。また，**図 4.3** は駅コンコース内の**残響時間**（1.2.7 項参照）の測定例で，天井を吸音処理した空間では残響時間が短めになっている。

4.2　実験室における聴感実験

　不特定多数の人々が行き交う公共空間で，人々がどのような聴感的印象を感じているか。これを実際の場で調べることはきわめて難しく，また現場では実験条件をコントロールすることもできない。そこで，実際の音場をできるだけ正確に実験室内で再現し，各種の聴感的印象を調べることが重要となる。その例として，マルチチャンネル方式の一つである **6 チャンネル収音・再生システム**[3]（**コラム 4.1** 参照）を用いて，公共空間におけるうるささの感じ（喧噪感）と，会話のしやすさを調べた聴感実験の例[4]を紹介する（**図 4.4**）。

図 4.4　公共空間におけるうるささの感じ（喧噪感）と，会話のしやすさを調べた聴感実験の例[4]

　この実験の試験音としては，首都圏にある鉄道駅のコンコース，空港ターミナルビル，大型商業施設など合計 10 ヶ所の空間で 6 チャンネルマイクロフォンを通して収録した環境音が用いられている。受聴者の位置における再生音の音圧レベルは，収音時に騒音計で測定したレベルと等しくなるように調整されている。

図 4.5（a）は，公共空間にお
けるうるささの印象を調べた結果
である。この実験では，被験者
（20 歳台の日本語を母語とする男
女 13 人）は鉄道の駅や空港のロ
ビーなどにいる状況を想定し，そ
のうるささの印象を 5 段階のカテ
ゴリー（5：非常にうるさい，4：
だいぶうるさい，3：多少うるさ
い，2：それほどうるさくない，
1：まったくうるさくない）で回
答した。実験結果を見ると，空間
の等価騒音レベルが大きくなるほ
どうるささの反応が増す傾向が明
らかで，中間の 3（多少うるさい）
の反応は 63 dB ぐらいで生じている。

つぎに，この種の空間で直接的
な会話や電話での会話をする際
に，環境音がどの程度影響するか
を調べている（被験者は 20〜30
歳台の日本語を母語とする男女
29 人）。図 4.4 は直接的な会話の
しやすさに関する実験の様子で，

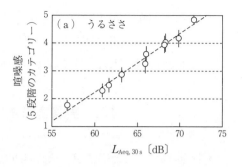
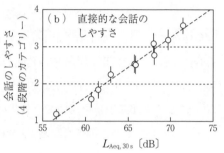
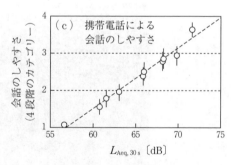

図 4.5　公共空間におけるうるささ・会話の
しやすさに関する実験結果[4]

再生音場の中心にいる被験者と，それから約 1 m 離れた実験者との間で日常
的な会話を行い，被験者はその際の会話に対する環境音の影響の程度を 4 段階
のカテゴリー（4：きわめて邪魔になる，3：だいぶ邪魔になる，2：少し邪魔
になる，1：まったく邪魔にならない）で回答した。また，携帯電話による会
話のしやすさについても同様な実験が行われている。これらの実験の結果をそ

コラム 4.1　6 チャンネル収音・再生システム

　ホールをはじめ各種の空間における音の主観的印象を調べる聴感実験では，音の到来方向も含めて原音場で得られる聴感印象が再現できることが望ましい。もちろん，実音場で実験が行えればそれに越したことはないが，任意に条件をコントロールしたり，同じ条件で多数の人の反応を調べることは不可能である。そこで，バイノーラル方式や各種の多チャンネル収音・再生方式が開発されている[5]。本書の公共空間やコンサートホールに関する聴感実験では，多チャンネル方式の一つである 6 チャンネル収音・再生方式[3]が用いられている。図 1 に示すこの方式では，図 2 に示すカーディオイド特性と呼ばれている指向特性をもつマイクロフォン 6 個を，直交 3 軸の正負の方向に向くように組み合わせて収音する。

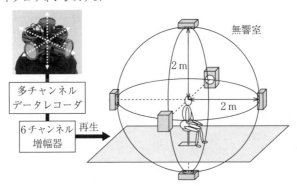

図 1　6 チャンネル収音・再生システムの概要[3]

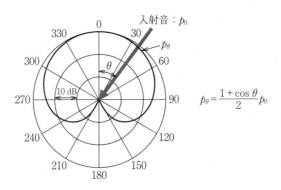

$$p_\theta = \frac{1+\cos\theta}{2} p_0$$

図 2　カーディオイド指向特性

その信号を図1に示すように無響室に設置した6台のスピーカから再生すると，その中心点では音の到来方向によらず一定の音圧が再現され，その近傍で音を聞くと音の到来方向がきわめて正確に判断できる。図3にピンクノイズを音源に用いて行われた音源の方向定位の実験結果を示す。図（a）は両耳を含む水平面，図（b）は正中面（頭部を左右に分割する鉛直面）についての結果である。この方式によれば，ホールの響きや公共空間における雑踏感，上空を飛ぶ飛行機など，3次元的な聴感的印象が再現できる。水平面内に限定すれば，4チャンネルに縮小することもできる。なお，この方法で収音された6チャンネルの音圧信号から音波による空気粒子の振動速度（粒子速度）も求めることもでき，音圧との積をとれば音のエネルギーの流れを示す音響インテンシティ（ベクトル量）も求められる[6]。

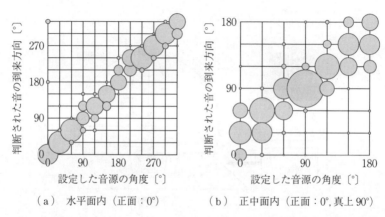

（a）水平面内（正面：0°）　　（b）正中面（正面：0°, 真上90°）

図3 6チャンネルシステムによる方向定位の精度（円の面積が回答数に比例）[3]

この方式を虚像法に基づくコンピュータシミュレーションと併用して音場のシミュレーションを行う場合，計算された音線の大きさ（音圧）に対してその到来方向（水平角 θ，仰角 φ）から式（1）〜（3）で計算されるそれぞれの方向の係数の重み付けをし，それらを各方向のスピーカに割り振って再生すれば，音の到来方向もほぼ正確に判断できる[6]。

$$A_{x\pm} = \frac{1 \pm \sin\varphi\cos\theta}{2} \quad (1)$$

$$A_{y\pm} = \frac{1 \pm \sin\varphi\sin\theta}{2} \quad (2)$$

$$A_{z\pm} = \frac{1 \pm \cos\varphi}{2} \quad (3)$$

れぞれ図（b），（c）に示す。いずれの条件についても，環境音の騒音レベルが 70 dB を超えると，3（だいぶ邪魔になる）以上の反応が生じる可能性があることが示されている。

　これらの実験結果から，公共空間で喧噪感が生じたり，会話がしにくくなるようなことを防ぐためには，環境音を等価騒音レベルで 65 dB 程度以下に抑える必要があることが示唆されている。

4.3　公共空間における音響情報の流れ

　鉄道駅，空港ターミナル，ショッピングアーケードなどの公共空間における音響情報としては，交通案内や各種アナウンス，呼び出しなどの平常時の放送とは別に，非常時には各種の警報や避難誘導放送が重要である。**図 4.6** はこのような公共空間における音響情報の生成，伝達，受聴の流れを示したもので，要点はつぎの（1）～（4）に示すとおりである[7]。

（1）音響信号の作成　音声情報に関しては，言語の決定，了解性の高い

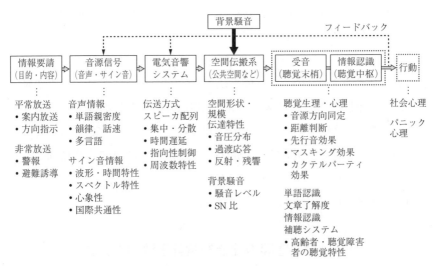

図 4.6　公共空間における音響情報の流れ[7]

単語の選択，空間の音響特性に応じた適切な話速やポーズの設定が重要である。最近ではコンピュータで音声信号を合成する**人工音声合成**の技術が進歩し，いろいろな用途に用いられている。音声以外のサイン音に関しては，注意喚起，心象性などを考慮して波形や周波数特性が設定される。

（2）**電気音響システム**　聴取空間における音圧レベルの均一性，明瞭性を確保するための拡声用スピーカの指向性，音声帯域の伝送特性に重点を置いた周波数特性の調整，および設置場所や設置密度などが重要である。特殊な条件として，指向性の強いスピーカを用いて受聴エリアを限定する場合もある。また，スタジアムなどの大空間やトンネルなどの空間では，遠くのスピーカの音が遅れて聞こえるロングパスエコーが生じやすいので，個々のスピーカからの音を時間をずらして放送する時間遅延の技術が効果的な場合もある。

（3）**空間（音場）**　公共空間の規模や形状は，その用途ごとに建築設計が行われるが，その過程で，環境要素の一つである音響条件についても，有害な反射音や残響過多などの音響障害が生じないように建築音響的チェックを必ず行う必要がある。この種の空間では，防火・耐火性，汚れにくさなどの点から，反射性の高い内装仕上げが用いられることが多いが，過度の響きを抑えるために適切な吸音処理も必要である。

（4）**受聴**　公共空間は一般に容積が大きいために残響が長くなりがちで，また種々の音源によって暗騒音も大きくなりやすい。このような空間では，適度な賑わいは自然であるが，著しい喧噪感が生じるほどになると会話もしづらくなり，放送のアナウンスが聞き取りにくくなる。そこで，この種の音場における音声情報の明瞭性・了解性に関する聴覚心理的な基礎研究とともに，それを確保するための音声信号の作成方法について，音声科学を中心とした研究が必要である[8]。

4.4　公共空間の総合的設計手法の考え方

音響情報が聞き取りやすく正確に伝わる公共空間を設計するためには，4.3

4.4 公共空間の総合的設計手法の考え方

節に述べたように適切な音響信号の作成，電気音響システムの最適設計，空間の音響特性の調整，音響情報の伝達特性の評価など多くの要素を組み合わせた総合的な設計が必要である。**図 4.7** はその具体的な方法の一案で，コンピュータシミュレーションやその結果を音として再生する可聴化技術を組み合わせて，実際に音を耳で確かめながら設計を進める方法である。要点は ① ～ ⑦ のとおりである。

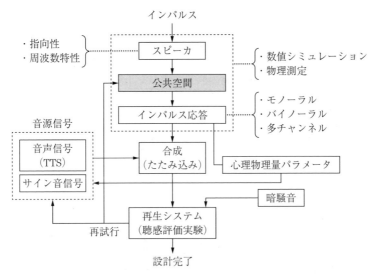

図 4.7 公共空間の音響設計の流れ

① 建築設計案で示された空間の形状・境界条件，拡声スピーカの指向特性や配置などをコンピュータシミュレーションのソフトに入力する。**数値シミュレーション**の手法としては，対象とする空間の規模が大きいので，音の波動性まで反映させた**波動音響**を適用することは難しく，近似的な方法として**音線法**や**虚像法**（5.6.4項の〔2〕参照）など**幾何音響**に基づく計算ソフトを利用する。

② 複数のスピーカを含む電気音響システムの入力から受聴領域の代表点までの音響伝送系について，理想的なインパルス信号に対する応答（**インパルス応答**）を計算する。実在の空間を対象とする場合には，**掃引パルス法**（5.6.5項参照）などを用いてインパルス応答を測定する。インパルス応答としては，

モノーラル，ステレオ，バイノーラル，マルチチャンネルなど，用いる可聴化の方式に応じて求める。

③　インパルス応答の計算あるいは実測の結果から，残響時間など各種の聴感物理量（5.4節参照）を求める。

④　インパルス応答と任意のドライソース（響きのついていない音声やサイン音）をディジタル信号処理による**たたみ込み演算**によって合成し，それを可聴化システムで再生して明瞭性や了解性などについて聴感実験（試聴）を行う。

⑤　実験の結果，音響的な欠陥が見いだされた場合には，空間の形状や吸音処理，電気音響システム（主としてスピーカ配置）などを再検討し，実験を繰り返す。その際，予想される音場の騒音の状態を予測し，それに対する放送音の音圧レベルの差（SN比）についても検討する。

⑥　上のルーティンとは別に，音源信号の最適化（人工音声合成の各種パラメータの調整など）についても検討し，その効果を実験によって確かめる。大きな空間ではある程度の残響過多は避けられないので，そのような状況でもアナウンスを聞き取りやすくするために，話速やポーズなどを調整し，単語の親密度についても検討する。

⑦　以上のプロセスを繰り返して空間内の音響情報システムの最適化を図る。

このような可聴化シミュレーションを含む設計手法の考え方を実際に応用した例を以下に紹介する。これらの例では，できるだけ空間情報も含めて自然な聴感印象を実現するため，また不特定多数の被験者を対象とするために6チャンネル収音・再生手法（**コラム4.1**参照）が用いられており，インパルス応答も方向別に計算あるいは測定している。

4.5　可聴化シミュレーションによる検討事例

4.5.1　公共空間における放送アナウンス音の了解性

駅のコンコースや空港ロビーなどでは，重要な情報を含む各種の放送音が聞き取りやすくなくてはならない。しかし，実際にはこの種の空間は残響が長

く，騒音も大きくなっていることが多い．そこで，これらの影響を単純化した聴感実験で調べた例[9]を紹介する．

〔1〕 **実験方法**　この実験では，吸音処理がほとんど施されていない体育館（残響時間が中音域で約5秒）で6チャンネルマイクロフォンを通してインパルス応答を録音し，その残響時間をディジタル信号処理によって段階的に短くしたインパルス応答信号を用いている．それと人工音声合成ソフトで作成した音声信号を合成（たたみ込み演算）して6チャンネル再生システムで再生し，**文章了解度**について聴感実験を行っている．文章としては，親密度別単語了解度試験用音声データのリスト（4モーラ[†1]）から**親密度**[†2]が高い50語を選び，それを説明する日本語の短文を『広辞苑』（岩波書店）から引用して作成している．そのうち，実験に用いた三つの例を以下に示す．

① 20歳以上の男女のことを<u>セイジン</u>という．
② 買ったものを返すことを<u>ヘンピン</u>という．
③ 1年の初めの日のことを<u>ガンジツ</u>という．

実験では，上の例のように下線部について聞き取れた単語を書き取り，また「聞き取りにくさ」を4段階のカテゴリー（4：非常に聞き取りにくい，3：かなり聞き取りにくい，2：やや聞き取りにくい，1：聞き取りにくくない）で判断する方法を採っている．この実験の被験者は，日本語を母語とする学生10人（21～30歳，男・女）と外国語を母語とする留学生9人（23～30歳，男・女，在日期間9ヶ月～5年，韓国4，中国2，台湾・ベトナム・ハンガリー各1）である．

---

†1　日本語学では拍と訳され，仮名1文字が基本的に1モーラとなる．長音"ー"，促音"っ"，撥音"ん"は，独立して1モーラに数える．例えば，「おんきょう」は，「お・ん・きょ・う」の4モーラ，「アコースティック」は，「ア・コ・ー・ス・ティ・ッ・ク」の7モーラと数えられる．

†2　ある単語がどの程度なじみがあると感じられるかを表した指標で，1（なじみがない）～7（なじみがある）の印象で評価する．「NTT・東北大 親密度別単語了解度試験用音声データセット（FW03）」には，日本人話者4人（男性2人，女性2人）による親密度別の4モーラの単語4000語の音声が収録されている．

〔2〕 実 験 結 果

（a） **残響の影響**　図4.8は，暗騒音（空調騒音）を一定（騒音レベルで55 dB）として，残響時間を0秒（原信号）から5秒まで変化させて行った実験の結果である。日本語を母語とする被験者，外国語を母語とする被験者ともに残響時間が長くなるほど聞き取りにくさが増大する傾向が明らかに見られる。その傾向は，日本語を母語とする被験者に比べて外国語を母語とする被験者のほうが大きい。これは，私たちが外国でよく経験することである。

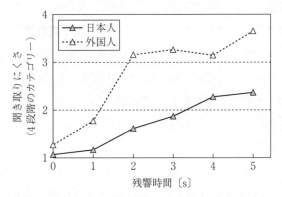

図4.8　公共空間における放送アナウンス音の
　　　 了解性：残響の影響[9]

（b） **残響と暗騒音の影響**　残響時間と暗騒音のレベルの両方を変化させた実験の結果を図4.9に示す。この実験は，日本語を母語とする被験者だけについて行われているが，いずれの量もその値が大きくなるほど，聞き取りにくさが増大する傾向が明らかである。

（c） **話速の影響**　図4.10は，響きが長い公共空間を想定して残響時間を3秒とし，暗騒音を騒音レベルで55 dBとして，話速を4.0～8.3モーラ/秒で5段階に変化させて行った実験の結果である。この結果で，話速が6モーラ/秒以上になると，日本語を母語とする被験者，外国語を母語とする被験者ともに聞き取りにくさが増大する傾向が見られる。

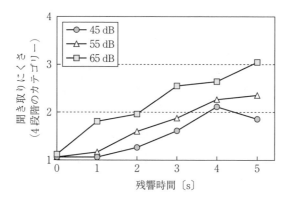

図 4.9 公共空間における放送アナウンス音の
了解性：残響と暗騒音の影響[9]

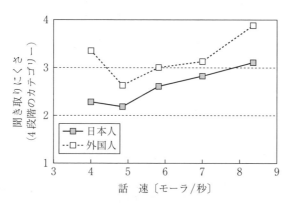

図 4.10 公共空間における放送アナウンス音の
了解性：話速の影響[9]

4.5.2 トンネル内の非常放送の明瞭性

　首都高速中央環状線のトンネル内には避難誘導放送システムが装備され，激しい火災が発生したときにはドライバにトンネルの外への避難を呼び掛ける方式が採られている．この道路のトンネル内には，100～200 m の間隔でホーン型スピーカが配置されているが，それらから同時にアナウンスを放送すると，各スピーカからの到達音に時間遅れが生じてマルチエコーとなり，アナウンスの了解度が低下することが懸念された．これを防ぐために，隣接するスピーカ

の間隔を音波が伝搬するのに必要な時間だけアナウンスの放送に順次遅延をかけ，音の到達時間を揃える方法（連続的時間遅延方式）が提案された。その効果を事前に検討するために，6チャンネル収音・再生システムを用いた聴感実験が行われた[10]。この実験のために，図4.11に示すように実際のトンネル内で150mおきにトランペット型スピーカを設置し，◎で示した位置に6チャンネルマイクロフォンを置いて時間遅延をかけない条件とかけた条件で方向別インパルス応答を測定した。この信号と，女性アナウンサによる"トンネル内で火災が発生しました。近くの非常口から避難してください"という避難誘導音声を合成した試験音を無響室で再生した（●3）。被験者はこれらの音を再生システムの中心で聞き，条件ごとにアナウンスの聞き取りにくさを6段階のカテゴリー（6：まったく聞き取れない，5：非常に聞き取りにくい，4：だいぶ聞き取りにくい，3：多少聞き取りにくい，2：それほど聞き取りにくくない，1：まったく聞き取りにくくない）で回答した。この実験には，21〜32歳の日本語を母語とする男女15人が参加した。

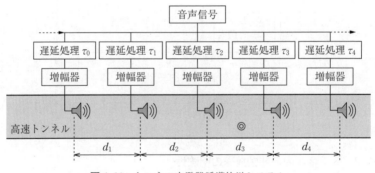

図4.11　トンネル内避難誘導放送システム

　図4.12は実験結果の一例で，段階的にアナウンスの速度を変えたときの連続的時間遅延あり・なしの条件における聞き取りにくさの違いを表している。ここで，アナウンスの速度は上記のアナウンスに要する時間で表しており，7秒はラジオ放送などで一般的な速度，20秒は大型スタジアムなどの放送のゆっくりとした速度である。これを見ると，すべてのアナウンスの速度にわたっ

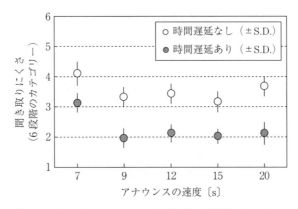

図 4.12 トンネル内における非常放送の了解性（アナウンスの速度の影響と連続的時間遅延の効果）[10]

て，連続的時間遅延ありのほうが聞き取りにくさが減少しており，その効果が認められる。また，トンネル内のように残響が長い空間では，通常の話速では聞き取りが難しいこともわかる。このような実験室における聴感評価実験と実際のトンネル内での確認実験の結果に基づいて，首都高速中央環状線では全線にわたって連続的時間遅延方式の放送システムが採用されている。

4.5.3 屋外拡声による音声放送の聞き取りやすさ

自然災害時の警報や避難誘導などを目的として，全国各地に**防災行政無線**のネットワークが整備されつつあり，その重要な構成要素として屋外拡声のための支局が多数設けられている。その情報は，**図 4.13** に示すような離散的に配置されたスピーカから地域に放送されるが，複数のスピーカからの音に時間遅れが生じ，またそれに建物などからの強い反射音が加わって，同じ音が何度も聞こえるマルチエコーの状態となり，放送音声の明瞭性・了解性が著しく損なわれる地点も生じる（⚫4）。2011 年 3 月の東日本大震災や 2016 年 4 月の熊本地震でも経験したように，非常災害時にはこの種の情報伝達手法はきわめて大切で，日本音響学会でもこの問題を重要な研究テーマとして取り上げている[11]。

このような放送システムについても，計画・設計時に聞こえ方も含めて事前

86   4. 公共空間における音

図4.13　防災行政無線屋外拡声支局の
　　　　スピーカシステムの例

に検討するためのツールの開発が望まれる。その一つとして，幾何音響シミュレーションと6チャンネル収音・再生システム（**コラム4.1**参照）を用いた試みがなされている[6]。

この方法では，虚像法に基づくコンピュータシミュレーションを用いて，個々のスピーカから受音点に至る直接音や建物による反射音を個別に計算する。その際，スピーカの指向性や音が空気中を伝わる間の減衰なども計算に含める。その計算結果には音の到来方向も計算されているので，その情報も含め

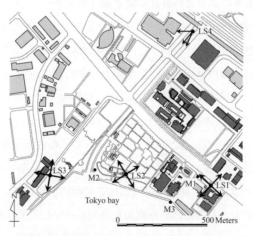

図4.14　N市の防災行政無線システムの一部[6]

4.5 可聴化シミュレーションによる検討事例　　87

てアナウンスのドライソースとディジタル信号処理によるたたみ込み演算を行い，無響室内の6チャンネル再生システムで再生すると，それぞれの拡声用スピーカからの到達音や顕著な反射音などをほぼ正確な方向感を伴って聞くことができる。

一例として，図4.14に示すN市に設置されている防災行政無線システムを対象として行った実測およびコンピュータシミュレーションの結果のうち，受音点M3における結果を図4.15に示す。図（a）は，騒音計の無指向性マイクロフォンを通して収録したアナウンス音と原音（無線放送を傍受）との相互相

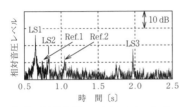

（a）無指向性マイクロフォンによる実測

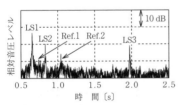

（b）6チャンネルマイクロフォンによる実測

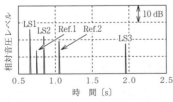

（c）コンピュータシミュレーション

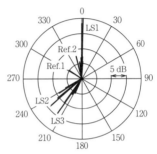

（d）卓越した到達音の相対的大きさと方向（実測結果）

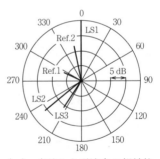

（e）卓越した到達音の相対的大きさと方向（コンピュータシミュレーション）

図4.15　実測結果とコンピュータシミュレーションの比較[6]

関関数を計算する方法で求めたインパルス応答の包絡で，図（b）は6チャンネルマイクロフォンの出力の和をとって同様の計算をした結果であり，両者はよく一致している。これらの結果と，図（c）に示すコンピュータシミュレーションによるインパルス応答の計算結果を比較すると，音圧のピークの相対的大きさや到達時間はほぼ一致している。図（d）は，上記のようにして求めた6チャンネルマイクロフォンを通して測定した信号から，卓越した振幅をもつ到達音の相対的大きさと方向を計算した結果である。それに対して図（e）はコンピュータシミュレーションによる結果で，両者はほぼ一致している。また音の到来方向も，図4.14に示したスピーカと受音点の相対位置関係とよく一致している。

このような手法を用いれば，放送音声の明瞭性や了解性が著しく劣る点の探索やその改善方法が見いだせる可能性がある。ただし，実際の屋外では風などの気象条件によって音の伝搬は大きな影響を受けるので，その点も考慮できるコンピュータシミュレーションの手法をさらに開発する必要がある。

4.6 今後の課題

公共空間は日常生活のうえでも重要な環境の一つであり，その安全性を確保するためには耐震，耐火，メンテナンスなどの性能だけでなく，音響情報が的確に伝わることもきわめて重要である。しかし，実際に調べると，残響過多や高い暗騒音レベル，また不十分な拡声システムのために，音響情報の伝達が悪く，非常時の安全性が大いに危ぶまれる空間が少なくないことがわかった。

このような音響的問題を改善して，安全で快適な公共空間をつくり出すためには，建築音響学をはじめ，音声科学，電気音響工学，聴覚・認知科学など多くの専門分野が横断的に協働して進めるべき研究課題がまだまだたくさん残っている。また，最近では視覚障害者に対する音による誘導や，聴覚障害者・高齢者に対する放送音などの聞き取りやすさの改善方法なども重要な課題となっている[12]。

5 ホールにおける音

　1章で述べたように，音の文化的側面として私たち人間は音楽として音を楽しむという文化をもっている。音楽の楽しみ方は人それぞれであるが，やはりホールで生の演奏を聞くのが最大の醍醐味であろう。コンサートホールに足を運ぶのはそれほど日常的とはいえないが，私たちの生活の中の音にちなんだ一コマとして，本書ではこのテーマを含めることとした。ホールにおける音楽も多岐にわたるが，ここではいわゆるクラシック音楽の演奏を主目的としたコンサートホールに主眼を置いて述べる。素晴らしいホールの響きとは何か，そのような響きをもつホールをつくるにはどうすればよいかということが建築音響学の重要な研究テーマの一つとなっている。このテーマに興味をもたれる読者には，本章の参考文献1）を一読されることをお勧めする。

5.1 音 の 昔 話

　ホールの音の話に入る前に，音の現象として古くから知られているいくつかの例を紹介する。

5.1.1　鳴き竜（フラッターエコー）

　日光東照宮の陽明門に向って左手に小さなお堂がある。薬師堂あるいは本地堂と呼ばれているこのお堂は，「鳴き竜」として有名である。その中央部（内陣）の天井には竜の絵（**図 5.1**）が描かれていて，その頭の下で拍手をしたり拍子木を打つと，ブルルル…といった感じの音が聞こえる。その音があたかも

天井の竜が鳴いているように感じられることから、この名前が付けられた。この現象は一般には**フラッターエコー**（flutter echo：鳥が飛び立つときの羽ばたきの音）と呼ばれ、大きな壁面が平行しているだけでも生じるが、このお堂では真平らに見える天井の中心部がわずかに吊り上げられた形状（"むくり"と呼ばれている伝統的な工法）になっているため、天井と床の間での音の往復反射が脈を打つように長く続く。日光の鳴き竜などではこの現象が名物となっているが、ホールなどの音響施設では音響的な障害となるので、それを防ぐ工夫が必要となる。

図5.1　日光輪王寺薬師堂の鳴き竜

5.1.2　ささやきの回廊

ロンドンのセント・ポール大聖堂のアーチ天井の内部には、**図5.2**に示すように回廊が巡らされている。そこで声を出すと意外なほどよく伝わり、ささ

（a）概観

（b）内観の回廊

図5.2　ロンドン：セント・ポール大聖堂

やくような小さな声でも遠くまでよく伝わるというたとえから"ささやきの回廊"(whispering gallery) と呼ばれている。これは，回廊が円状に巡らされていて，壁・天井もアーチ構造で半球に近く，その表面は高い反射性であるので音が滑るように反射しながらよく伝わることに起因する。

これと同じような音の現象で有名なものとしては，北京の天壇公園にある"回音壁"(図5.3)があげられる。これは寺院を囲んで円状に巡らされた土塀で，その内部の壁際で声を出すと，ささやきの回廊と同じように遠くまでよく伝わる。

(a) 概観　　　　　　　　　　(b) 内観の回廊

図5.3　北京：回音壁

5.1.3　音の焦点

図5.4は，キルヒャー (Athanasius Kircher) が1673年に出版した『新音響学』に載っている図で，断面が楕円に近いアーチ天井の下で，二つの焦点近くで二人がしゃべると互いの声がよく聞こえる様子を表している。アーチ構造が多用されたヨーロッパの建物では，このような現象は珍しくなかったと思われる。図5.5は，パリのルーブル美術館の展示室の一つで，アーチ構造の天井が凹面になっていて，その室内に水盤状の容器が二つ並べられている。二人でそれらの上に身を乗り出してしゃべると，意外なほど互いの声がよく聞こえる。

92　5. ホールにおける音

図5.4　アーチ天井による音の焦点〔Athanasius Kircher『新音響学』(1673) より転載〕

図5.5　パリ・ルーブル美術館の展示室の一例

5.1.4　壺 の 共 鳴

　中世ヨーロッパに建造された教会では，大空間に連結してつくられているアルコーブ（小部屋）の壁面に壺や瓶が埋め込まれている例が報告されている（図5.6）。このような仕掛けをした理由や効果は明確ではないが，壺や瓶を**単一共鳴器（ヘルムホルツレゾネータ）**として利用し，小空間で生じやすい固有

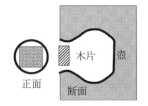

図 5.6 教会の壁に埋め込まれている壺の例

振動を抑制することが目的であったと推測されている。

壺状の容器は，頸の部分の空気を質量，奥の空洞部の空気をバネと見なすと単一共振系となっており，それらの寸法で決まる共鳴周波数をもっている。その共鳴周波数に等しい周波数の音が入口に当たると，内部の空気は激しく振動し，それによって入射した音のエネルギーが摩擦によって熱に変換されるために吸音効果が生じる。一方，衝撃音のような短い音が入射したときには，共鳴によって音が再放射されて聞こえる。

このようなヘルムホルツレゾネータは，小容積の録音スタジオなどで生じるブーミング（低音の特定の周波数で部屋全体が共鳴する現象）を抑制するために利用されることがある。大規模に用いられた例として，東京カトリックカテドラル聖マリア教会（**図 5.7**）では，一体としてデザインされている壁・天井

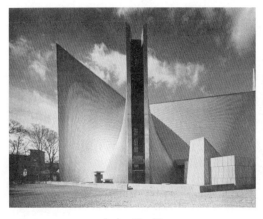

（a）外観　　　　　　　　　　（b）内観

図 5.7 東京カトリックカテドラル聖マリア教会

面の背後に，塩化ビニル製のパイプを輪切りにしてつくったヘルムホルツレゾネータ（**図5.8**）が約2 000個埋め込まれている。この例では，レゾネータの吸音効果を利用して低音域の残響を抑制することが目的で，共鳴周波数が低音域で広く分布するようにレゾネータの頸の部分および空洞部の寸法にバリエーションが加えられている。このようなレゾネータの原理は，音の制御手法として現在でもしばしば用いられている。よく見かける小さな丸や四角の穴が開いた板で仕上げた壁も，背後のすきま（空気層）を含めると小さな壺が多数連続した形になっていて，共鳴現象によって特定の周波数を中心として吸音効果をもっている（**コラム3.1**参照）。

図5.8 塩化ビニルパイプを利用したヘルムホルツレゾネータ

　日本の能舞台では，その下部空間に瓶が置かれている例が多い（**図5.9**）。これは現在では様式化してしまっているようで，瓶を置くことによる音響的な効果については確認されていないが，能の上演で重要な足踏みの音の効果を高めるなど，何らかの目的があったと考えられている。ギリシャ・ローマ時代の野外劇場の座席の下にも壺状の容器が収納されていたことが知られている（**図5.10**）。その効果も明らかではないが，壺の共鳴を何らかの方法で利用していたと考えられる。

図5.9　能舞台の床下に置かれた瓶の例

図5.10　野外劇場の客席下部に置かれた瓶の例

5.2　ホールの響き

クラシック音楽の演奏を主目的としたコンサートホールでは，響きがきわめて重要で，それによって音楽に潤いや余韻が加わる。一例として，**図5.11**はベートーベン作曲のコリオラン序曲の9～13小節の楽譜と，コンサートホー

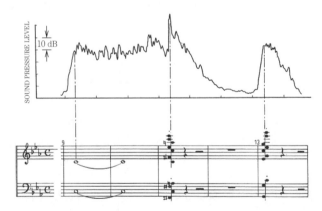

図5.11　ベートーベン作曲のコリオラン序曲の9～13小節の楽譜と，コンサートホールの音圧レベル〔L. クレーマー，H. ミューラー『室内音響の理論と応用』，アプライド・サイエンス・パブリッシャーズ（1982）より転載〕

ルにおける演奏音の音圧レベル記録であるが,楽譜の上で休止符となっていても,聴衆の耳には豊かなホールの響き(残響)が聞こえている(●5)。ベートーベンも,このようなホールの響きを効果的に聞かせることを意図して作曲したはずである。このように,ホールは単なる空間ではなく,音楽をつくり上げるうえで大きな役割を果たしている。これが"コンサートホールは最大の楽器である"といわれる由縁である。

このような空間の響きは,原始宗教の時代では洞窟,さらに時代が下って教会建築など響きの豊かな空間で生まれ育ったクラシック音楽の特徴で,空間の響きを音楽の前提にしている。一方,ギリシャ・ローマ時代の野外劇を源流として1600年前後にイタリアを中心に始まったオペラ(オペラ・イン・ムジカ:音楽による作品)は演劇的要素が強く,歌唱の明瞭性も重要であるため,クラシック音楽ほどの響きは必要としない。このような背景の違いから,コンサートホールとオペラ劇場の音の違いは"洞窟の音","野外の音"と比喩的に対比させて表現されることもある。ヨーロッパなどの大都市では,コンサートホールとオペラ劇場は別個の文化施設として建てられている。一方,雅楽や民謡などの邦楽系の音楽は,野外や開放的な木造建築など響きの少ない空間での演奏を前提としており,空間の響きはあまり意識されない。

5.3 ホールの種類と形

19世紀後半になると,ヨーロッパの各地にコンサートを主目的としたホールが建設されるようになった[2]。そのうち代表的なものとしては,1870年に建設されたウィーン・楽友協会の大ホール(**図 5.12**,**図 5.13**最上段)があげられる。このホールの規模は1 680席で,形状としては建物としてごく一般的な直方体であるが,その後建設されたホールと区別するために,靴を入れる箱の形が連想されることから"**シューボックス**(shoe box)**型**"と呼ばれている。

その後,1888年に建設されたアムステルダム・コンセルトヘボウ(図5.13中段)も直方体を基本としており,ステージの奥に合唱席(座席としても利

5.3 ホールの種類と形　97

図 5.12　ウィーン・楽友協会の大ホール

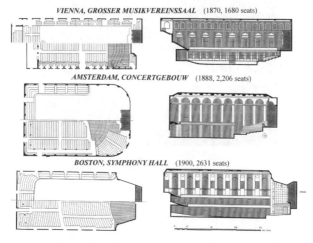

図 5.13　代表的なシューボックス型ホール〔L. L. Beranek, Concert halls and opera houses-Music, acoustics and architecture, Springer, 2nd edition（2004）より転載〕

用）も設けられていている。これらのヨーロッパのコンサートホールに匹敵するものとして，アメリカでは 1900 年にボストン・シンフォニーホール（図 5.13 最下段）が建設された。このホールもシューボックス型である。ちょうどその頃，室内音響学の始祖とされているセービン（W. C. Sabine）は，室内の残響現象を実験的に調べ，残響の長さ（**残響時間**）と室容積および室内の吸音の程度の関係を定式化した（**セービンの残響式**，1.2.7 項参照）。これは室

内における音の現象を科学的に取り扱った最初の試みで，**室内音響学**（Room Acoustics）のその後の発展の大きなきっかけとなった。

その後20世紀になると，コンサートホールには大きな変化が見られるようになった。1963年に建設されたベルリン・フィルハーモニー（**図5.14**）では，従来のシューボックス型とは大きく異なり，ホールの中心にステージ，それを取り囲むように座席が段状に配置されたアリーナ型が初めて採用された。この形態は，段々状のブドウ畑を連想させることから"**ヴィニャード**（vineyard）

(a) 内観

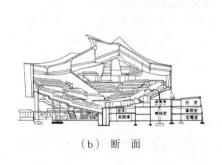

(b) 断面

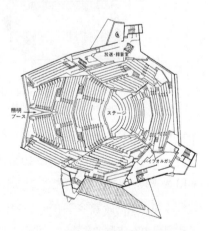

(c) 平面

図5.14 ベルリン・フィルハーモニー

型"と呼ばれており，聴衆全体が一体感をもってステージに意識を集中するという効果が得られる．その半面，ホールの中央に位置するステージ上の演奏者には反射音が不足しがちで，その欠点を補うためにステージを取り巻いて配置された段々状の客席部の前面の形を工夫したり，天井から"浮雲"と呼ばれる反射板を吊り下げるなどの音響的工夫がなされている．

このヴィニャード型の導入によって建築設計の自由度が大きく増し，その後，この形式のコンサートホールが世界各地に建設されるようになった．もちろん，日本におけるコンサートホールの設計にも大きな影響を与えている．

ホールの形態としては，上に述べたもの以外にも円形，楕円形，扇形などもある．このような形状では，基本形のままでは音の焦点や往復反射によるフラッターエコーなどの音響障害が発生しやすいので，後で述べるように壁面や天井面に凹凸をつけたり，拡散のための反射板を設置するなどの工夫が必要である（💿6, 7）．

ここで，日本におけるホールの歴史について簡単に触れておく．日本でも明治時代になると西洋化に伴ってクラシック音楽も入ってきて，明治23年に旧東京音楽学校（現・東京藝術大学）の奏楽堂がコンサート専用ホールとして木造で建設された．これは特殊な例で，各都市にホールや会館などの公共文化施設が建設されても，ほとんどはクラシックコンサートから演劇，歌謡ショー，講演会，各種集会など多目的に用いられるホールであった．

コラム5.1　コンサートホール小史

いわゆるクラシック音楽の発祥はヨーロッパであるが，コンサートという演奏の形態は国によってかなり異なっている．イギリスでは17世紀から18世紀にかけて大都市では公開のコンサートが盛んに開かれ，現在のコンサートホールに比べれば小規模ながら，音楽専用のホールがつくられていた．

一方，ヨーロッパ大陸の諸国では宮廷文化が中心で，王宮などで私的なコンサートが開かれていたが，18世紀になって中産階級の力が強まるにつれて，一般市民を対象とした公開のコンサートが開かれるようになった．その例として

は，ライプツィヒのゲヴァントハウスが有名である（**図**）。このホールは1781年に織物商組合の建物の図書室を改造してつくられたもので，約400席と規模は小さいが，それまではオペラの伴奏役であったオーケストラがステージに登って主役となって演奏する形式が一般化するきっかけとなった。なお，オーケストラという言葉は，もともとギリシャ・ローマ時代の野外劇場で歌唱や伴奏の役目の人たちがいた平土間を意味していたが，伴奏役から主役になってくると管弦楽団というような呼び方も生まれた。

図 ゲヴァントハウス・コンサートホール〔M. フォーサイス著，長友宗重，別宮貞徳 共訳『音楽のための建築』，鹿島出版会（1990）より転載〕

このように，バロック時代（1600～1750年頃）から古典派時代（1750～1820年頃）のコンサートホールは規模も小さく，また作曲や演奏の形式も現在とはかなり異なっていたが，その後のロマン派時代になるとコンサートホールの規模は大きくなり，それに応じて作曲，演奏のしかたも大きく変化した。これに伴って楽器の種類，数も多くなり，また楽器の改良によってパワーも大きくなった。その後，大型の本格的なコンサートホールが欧米諸国で建設され，その形態も多様化していった。

一方，オペラの上演のための建物（オペラハウス）は，劇場としてステージ上の演者の視認性や歌唱の明瞭性も重要で，野外劇場から屋内化される過程で扇形や馬蹄形のホールが一般的となっている。オペラでの主役はもちろんステージ上の歌手であり，それを支えるオーケストラは，ステージの下に設けられた空間（オーケストラピット）で演奏し，指揮者はその両方を融合させながら指揮をする。

その中で，1961年に本格的なクラシック音楽専用ホールとして東京文化会館（**図 5.15**）が建設された。このホールも，音楽専用とはいえオーケストラのコンサート，オペラ，バレエなど多用途である。その後，1980年代に入って，本格的なコンサート専用ホールの建設の機運が急速に高まった。1982年にザ・シンフォニーホール（**図 5.16**）が大阪に建設され，それに続いて全国各地にコンサートホールが建設されるようになった。

図 5.15　東京文化会館・大ホール

図 5.16　大阪・ザ・シンフォニーホール

5.4　ホールの響きの評価

これまで，ホールの"響き"という表現をしたが，その内容はきわめて複雑である。普通は"響き"というと，音を出してそれを止めた後に，しだいに減衰しながら聞こえる**残響**を指し，物理的には**残響時間**（1.2.7項参照）という量で評価される。この残響時間は，一般に室の容積が大きくなるほど長くなり，大型のコンサートホールでは2秒前後である。

それでは，残響時間が同じであればホールの響きの印象（音の空間的な印象）は同じかというと決してそうではなく，ホールの大きさや形状によって必ずしも同じ響きには聞こえない。また同じホールでも聞く場所が違うと印象も異なる。それは聞く位置に到達する音，すなわち楽器などの音源から直接届く音（直接音），音源から出た音が天井や壁で反射されて届く音（初期反射音），さらに反射が何度も繰り返されて届く音（後期反射音，残響音）などの構成や

到達時間の違い，またそれらの音がどの方向から受聴者の耳に到達するかによって印象が異なる。さらに人間は左右二つの耳をもっており，それらに到達する音が微妙に違うことから生じる聴覚的な効果（**両耳効果**）が複雑に関係する。これらの聴覚現象を調べることが室内音響学の大きな研究テーマで，到達する音の物理的特性と聴感的な印象の関係を客観的に表す指標（聴感物理量）が数多く提案されている。その中で最も基本的な量が残響時間であるが，それ以外に音源-受聴点間のすべての音響物理的な情報を含んでいる**インパルス応答**（音源から理想的なインパルスを放射したときに受音点に到達する音：**図 5.17**）に基づいた評価量がいくつか提案されている。その代表的なものとしては，(1)～(3)の指標があげられる。

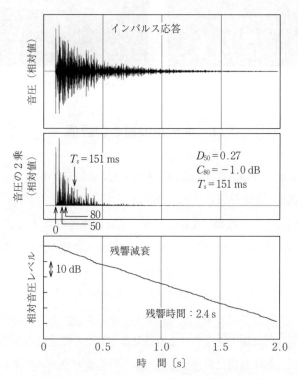

図 5.17　室のインパルス応答と各種聴感物理量

5.4 ホールの響きの評価

（1）**デフィニション**：D_{50}

$$D_{50} = \frac{\int_0^{50\,\text{ms}} h^2(t)\,\text{d}t}{\int_0^\infty h^2(t)\,\text{d}t} \tag{5.1}$$

ただし，$h(t)$ はホールのインパルス応答。この量は，インパルス応答の全時間にわたるエネルギー（音圧の2乗の時間積分値）に対して初期の50 msに到達するエネルギーの割合を示し，音声の明瞭性を表す指標として提案された。

（2）**クラリティ**：C_{80}

$$C_{80} = 10\log_{10}\frac{\int_0^{80\,\text{ms}} h^2(t)\,\text{d}t}{\int_{80\,\text{ms}}^\infty h^2(t)\,\text{d}t} \tag{5.2}$$

この量は，インパルス応答の初期の80 msの間のエネルギーと，それ以降に到達するエネルギーの比をレベル表示したもので，音楽の明瞭性を表す指標として提案された。

（3）**時間重心**：T_s

$$T_s = 10\log_{10}\frac{\int_0^\infty t\cdot h^2(t)\,\text{d}t}{\int_0^\infty h^2(t)\,\text{d}t} \tag{5.3}$$

これはインパルス応答を2乗した波形の重心の位置を応答の始まりからの時間〔s〕で表した量で，響きの長さ（残響感）を表す指標として提案された。

以上に述べた量は，すべて音の到来方向は無視し，無指向性のマイクロフォンを通して測定される指標であるが，響きの空間的な拡がり感は横方向からの反射音の強さが重要であるということから，指向性マイクロフォンを使って横方向から到達する音の強さに着目した評価量も提案されている。しかし，ホールの響きの聴感的印象については，まだまだ未解明の点が多く残されている。

5.5 演奏者のためのホールの響き

以上に述べた内容は,客席で音楽を聞く聴衆の立場に視点を置いているが,素晴らしい音楽演奏には,音を発信するステージ上の演奏者が演奏しやすいということが前提となる。プロの演奏家は,ホールの規模や響きの違いなどによって,たとえ同じ曲でも演奏の仕方を意識的あるいは無意識のうちに調整している。あるバイオリン独奏者の話では,「私はバイオリンを弾いているけど,バイオリンでホールを鳴らしているという気持ちで演奏している」,「響きの少ないホールでは演奏自体で響きのあるような感じを出したり,響きの長さによって演奏速度やビブラートの深さも調整している」とのことである。このように,演奏者はホールの響きを感じながら,すなわち一種のフィードバックがかかった状態で演奏をしている。演奏家は,曲の音楽的解釈や演奏技術はつね日頃の練習で磨いているが,演奏会場ではその条件に合わせて最も効果的な演奏を目指している。

このように,演奏者の立場からもホールの響き,特にステージ上の音響効果はきわめて重要である。この点に着目した研究として,演奏者を対象としたヒアリングやアンケートによる実際のステージ上での印象調査[3]も行われているが,条件の違いなどを詳細に調べることはできない。そこで,多チャンネル方式のうち比較的簡便でかつ音の方向感などが正確に再現される6チャンネル収音・再生システム(**コラム4.1**

図 5.18 無響室内のシミュレーション音場における試奏実験(東京大学・生産技術研究所)

参照）を適用して，実際のホールのステージ上で収録した方向別のインパルス応答データを用いて無響室内に仮想的なステージ上の音響条件をつくり，各種の楽器のプロの演奏家を対象とした演奏実験も行われている[4]（図5.18）。このような手法によれば，ステージ上の音響条件を瞬時に切り替えて系統的な比較実験をすることが可能である。また，実験のときに録音した演奏音とステージ上の音源から客席までの方向別インパルス応答のデータを合成（たたみ込み演算）することによって，自分が演奏した音がどのように客席に届いているかを演奏者自身が耳で確かめることもできる。

5.6 ホールの音響設計

音響性能が建築としての価値を決めるホールの設計では，計画の当初から音響専門家（音響コンサルタント）が参加して，音響の視点から建築設計や設備設計に協力する。そのおおよその流れは，以下に述べるとおりである。

5.6.1 基本計画

まず，これから建設するホールの役割，用途，規模などを立地条件や地域の特性を考慮しながら決める。その際には，要求されている条件に応じた音響条件を整理し，設計目標を設定する。

5.6.2 基本設計

基本計画が決まると，具体的な建築設計がスタートする。まず必要な規模（ステージの広さや客席数など）を設定し，それを満足する基本的な室形状の設計が行われる。この段階では，例えば直方体を基本とするシューボックス型にするか，扇形や楕円形さらには不整形にするか，またホールの端にステージを配したエンドステージ型にするか，ステージを取り囲んで客席を配置するアリーナ型にするか，などの大きな方針が決められる。このようなホールの基本形の違いによって音響的に考慮しなければならない点は異なり，音が焦点を結

ぶ現象やフラッターエコーなどの音響障害が生じないように，音の拡散効果に重点を置いて壁や天井面の基本形状がデザインされる。

しばしば，用途・規模が異なる複数のホール（大ホールと小ホールなど）が同じ文化施設に併設されることがある。その場合には，ホール相互で音が漏れることがないように，ホール間の遮音を確保するため，基本計画の段階で配置に十分な考慮が払われる。このような遮音計画は，他の関連施設（リハーサル室，楽屋，設備機械室など）についても同様である。また，外部の騒音が大きな立地条件の場合には，騒音の侵入を防ぐためにホールの周りに騒音の影響を受けにくい関連施設を配置したり，二重構造（ダブルスキン）を計画しておく必要がある。さらに，鉄道が近接している場合には，その振動がホール内に伝わって音となって聞こえる**固体伝搬音**の問題にも十分な注意が必要である。そのための振動遮断工法や，ホールを建築構造体から浮かせたもう一つの箱の中につくる方法（box in box）が採られることもある。東京国際フォーラム（東京・有楽町）は，四周が地下の鉄道で取り囲まれているため，それらの振動の影響を避けるために三つのホールすべてが最上階に配置され，box in boxの方式が採られている。横浜みなとみらいコンサートホールでは，ほぼ直下に地下鉄が走っており，それからの振動の影響を避けるために，地下鉄側の対策としてスプリングで支持した重量の大きなコンクリートスラブの上に軌道を載せた構造が採用されている。その効果によって，ホールでは地下鉄からの固体伝搬音はまったく聞こえない。

5.6.3 実 施 設 計

基本設計で方針が決まると，実際に建設するための実施設計へ移る。この段階での音響設計として重要なことは，音の拡散デザインである。具体的には，室の基本形状およびステージと客席の位置関係を考慮しながら，壁面や天井面の形状を屏風折れ形や褶曲状の凹凸面とする（**図 5.19**）。これは建築デザインとして視覚的にもきわめて重要で，建築設計者（建築家）と音響担当者の間で十分な検討が行われる。

5.6 ホールの音響設計

（a） 北九州市・響ホール

（b） 東大和市民会館・小ホール

図 5.19 ホールの拡散デザインの例

図 5.20 ウィーン・楽友協会大ホールの女神像の列柱

前述のウィーン・楽友協会の大ホールには，図 5.20 に示すように側方の壁の前に女神の像を象った柱の列があり，この女神たちが音をよくしているなどといわれている．この柱列は上部のバルコニーを支えるためのものであるが，コンピュータシミュレーションで調べたところ，音の拡散にも大きな効果があることが確かめられた（☞7）．

つぎに，ホールの主用途と規模（容積）から残響時間を設定する．一般にク

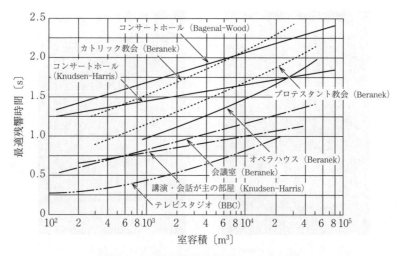

図5.21　最適残響時間の推奨値の例（500 Hz）

ラシック音楽のコンサートでは長めの残響時間が必要である。**図5.21**は，これまでに提案されている室の用途ごとの残響時間（500 Hzで代表）の推奨値で，横軸は室容積である。図からわかるように，同じ用途でも室容積が大きくなるほど適当な残響時間は長くなっている。これは物理現象としての残響の性質によるもので，聴感的にもそれが自然に聞こえる。この図でわかるように，室の用途によって適当とされる残響時間は異なる。コンサートホールとオペラ劇場を比べると，後者のほうが残響時間は短めが推奨されている。これは，前述のとおりオペラはオーケストラの伴奏が入るものの，本質は音楽劇であり，歌手の歌唱の内容がある程度明瞭に聞き取れる必要があるためである。スピーチの明瞭性が大切な会議や講演などのための室では，さらに残響時間は短めにする必要がある。この図では，同じコンサートホールでも2本の線があるが，これは提案者が異なるためで，実際に残響時間を設定するときにはこれらの推奨値を参考にしながら，ホールの特徴に合った値に決める。例えば，純粋のクラシックコンサートだけでなく，オペラ，演劇，さらには講演などの用途も想定される場合には，残響時間は短めに設定される。このような多目的ホールでは，用途に応じて残響を可変にする仕掛けを設けることもある。その方法とし

ては，天井の高さを変える，残響用の空間を用意しておいてその扉を開けたり閉めたりして室容積を可変とする，壁面や天井面の一部を可動式にして反射面と吸音面を反転する，吸音体を出し入れする（**図5.22**），スピーカを使って電気音響的に残響を付加する，などの手法がいろいろと工夫されている。なお，ポップ音楽などで電気楽器を多用するコンサートでは，音響効果をほとんど電気音響技術に頼るので，ホール自体の残響は短めに設定される。

残響時間の設計目標値が決まると，それを実現するために壁や天井

図5.22 群馬・桐生市シルクホールの残響可変装置（天井から吸音体を出した状態）

などの音響的な仕上げの設計に移る。一般に，長い響きが必要なコンサートホールでは高度の吸音処理が必要となる部位はそれほど多くはないが，客席後部の壁などは反射音が遅れて聞こえるロングパスエコー（山びこ現象）の原因となりやすいので吸音性仕上げとすることが多い。ここでは詳細は省略するが，吸音材料・機構には原理的に異なる種類があり，それぞれ特徴的な吸音の周波数特性をもっている（**コラム3.1**参照）。高い周波数ほどよく吸音する種類（多孔質吸音材料），特定の周波数の近傍で大きな吸音効果をもつ種類（共鳴型吸音機構），板が振動する際の摩擦抵抗によって低い周波数の音を吸収する板振動型吸音機構などがあり，それぞれ断面構造の違いによっても吸音の周波数特性や吸音の程度（吸音率）が変化するので，実際の設計では音響専門家の知識が必要となる。コンサートホールでは聴衆が大きな吸音の要素で，空席のリハーサルのときと本番で聴衆が入ったときとで響きが違ってしまう。このような響きの変化をなるべく小さくするために吸音性の高い座席を用い，空席

のときにも座席で吸音されるように計画される。

以上に述べたような室内の仕上げや座席の数が設定されると，1.2.7項で述べたセービンやアイリングの残響式によって残響時間を計算する。実際にこの計算を行うために，建築でよく用いられる内装仕上げの種類ごとに吸音率のデータが整備されている。しかし，特殊な吸音構造を採用する場合には，実験室（残響室）を用いて吸音特性を実測する必要がある。

このような方法で計算した結果が設計目標値に合わない場合には，内装の仕上げの種類や面積を調整し，なるべく目標値に近くなるようする。また，残響時間の周波数特性にも注意が必要で，広い周波数にわたって残響時間がほぼ一定になるように工夫する。

以上に述べた室内の音響設計とは別に，基本設計のところで述べたような外部あるいは同じ施設内の他の室からの騒音や振動を遮断するための具体的な設計も重要である。また，空調設備からの騒音が音楽の聴取の邪魔にならないように，空気を流すダクト系に各種の消音装置を組み込むなど，細心の注意が払われる。

5.6.4　音響シミュレーションによる音響効果の検討

以上に述べたようなプロセスでホールが設計・建設されるが，実際に出来上がる前に，どのような音響性能になるかを予測し，できれば耳で確かめてみたい。そこで，設計段階でホールの響き具合を予測するための**音響シミュレーション**の技術が開発され，また実際の設計の際にも応用されている。その方法としては，物理的シミュレーションとしての**模型実験**とコンピュータを利用した**数値シミュレーション**がある[1]。

〔1〕**模型実験**　縮尺模型を用いた実験はいろいろな分野で行われており，流体力学の分野における風洞実験や水槽実験などはよく知られている。それと同じように，音響の分野でも模型実験は古くから試みられ，研究面だけでなく実際のホールの設計にも利用されている[1]。

一般に模型実験では，実物を縮尺したモデルを用いて現象を解析するが，そ

の場合には実物における現象と模型における現象との間の関係を量的に明確にしておく必要がある。これを保証するのが**相似則**で，対象とする現象ごとにその内容は異なる。音響模型実験における相似則としては，まず模型の寸法の縮尺（$1/n$）に応じて音の波長も $1/n$ に縮尺する必要がある。これは模型実験における周波数を実物の周波数の n 倍にすることに相当する。それに伴って模型での時間は実物の時間の $1/n$ となる。また，室の境界面の吸音特性も相似化する必要があり，模型の周波数で対応する実物の周波数におけるのと同じ吸音率にする必要がある。そのためには実物の吸音構造まで $1/n$ に縮尺し，主に摩擦抵抗によって生じる多孔質吸音材料による音響的な抵抗を実験的に調整する。また，実物と同じ空気中で模型実験を行うと，空気の音響吸収が大きな周波数依存性をもっているために，実物と模型で媒質中を伝搬する過程での音のエネルギーの減衰が相似関係にならない。これを相似化するために，縮尺が $1/10$ に近い模型実験では，実験媒質として相対湿度が 0% に近い空気や窒素ガスを用いる方法が開発されている。

音響模型実験の歴史は長い。かつてはすべてアナログ技術によって超音波領域まで再生できるスピーカやテープレコーダの速度変換機能を利用した周波数・時間の変換が用いられ，実際の音楽にどのような響きがつくかを試聴する実験も行われた。しかし，アナログ技術の限界から，音質的に満足できる結果を得ることは難しかった。それでも，フラッターエコーやロングパスエコーなどの音響障害の有無の検討や，残響時間をはじめ5.4節で述べたような聴感物理量の予測には有効であった。

その後，30年ほど前からディジタル信号処理技術が目覚ましい発展を遂げ，音響実験にも応用できるようになってきた。そこで，**図5.23**に示すように，音源から受聴点に至る**インパルス応答**は高電圧の放電（スパーク）パルスを音源として模型実験で測定し，その結果と任意の信号（響きがついていない音楽や音声：ドライソース）との合成（たたみ込み演算）はコンピュータを利用する，いわばハイブリッド方式の模型実験が可能となった。この手法によれば，アナログ時代に比べてはるかに音質が向上し，設計段階で室内の条件をいろい

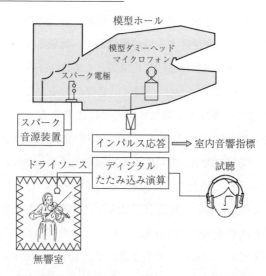

図 5.23 室内音響の模型実験（ハイブリッド方式）

ろ変化させたときの響きの変化を試聴することができる。このような内容の実験例として，横浜みなとみらいコンサートホールの 1/10 縮尺模型と実物ホールを **図 5.24** に示す（💿8）。

〔2〕 **コンピュータシミュレーション**　流体力学の模型実験である風洞実験なども，コンピュータを用いたシミュレーションに置き換えられつつある。音響の分野でも，コンピュータを利用したシミュレーション手法の研究開発が盛んに行われている。

　このようなシミュレーション手法をホールなどの室内音響の解析に適用する場合，大きく分けて 2 種類の方法がある。一つは**幾何音響シミュレーション**と呼ばれる方法で，音の波動性はひとまず無視し，音を直進性のビームと見なして室境界における反射を多数次にわたって繰り返し計算する。その具体的方法としては，光の鏡像原理と同じように音の反射ごとに反射面の背後に鏡像（虚像）を設定し，反射音をそれから放射されるビームと見なして計算を繰り返す方法（**鏡像法・虚像法**）と，音源から多数（数万以上）のビームを放射し，室境界におけるそれらの反射を逐一計算して一定の受音領域に入る線を求める方

（a） 1/10 縮尺模型

（b） 実 物

図 5.24　横浜みなとみらいホール

法（**音線法**）の2種類がある。いずれの方法でも，音の波動性は無視しているので周波数によって異なる回折現象はそのままでは反映されないため，疑似的な手法がいろいろと工夫されている。また周波数によって異なる境界面の吸音特性については，反射のたびにビームの強さを周波数ごとに設定した吸音率に応じて減衰させる。このような原理に基づいた各種の計算ソフトが市販されていて，音響設計の実務に利用されている。

　コンピュータシミュレーションとしてもう一つの方法は，音の本質である波動性を考慮し，波動方程式に基づいて音の伝搬を計算する手法（**波動音響シ**

ミュレーション）である．その具体的な計算手法としては有限要素法（FEM），境界要素法（BEM），時間領域有限差分（FDTD）法の応用が研究されている．その中で，時間の関数であるインパルス応答を解析する場合には，時間領域で音波の伝搬を直接計算する FDTD 法が適している[1]．室の基本形状の違いによる音の伝搬性状を比較した⚫6，7 も，この FDTD 法によって計算された．実際のホールの音響設計へ応用した例として，図 5.25 は楕円形を基本平面形状とする小規模ホールの壁の拡散形状を調べるために行った FDTD 法による解析の例で，計算結果とホールが竣工した後に実測したインパルス応答の波形はきわめてよく一致している（⚫7）．

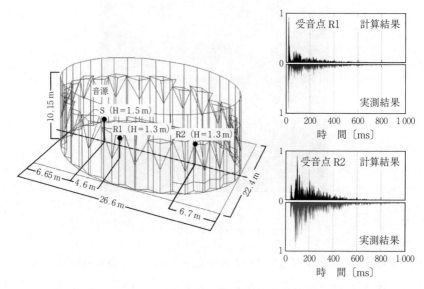

図 5.25　インパルス応答の FDTD 数値解析と実測結果の比較
（群馬・桐生市民会館小ホール）

しかし，いずれの波動音響解析でも，平面あるいは空間を分割するグリッドの寸法は問題とする音の波長の数分の一以下にする必要があり，可聴周波数（20 〜 20 000 Hz）全体について解析するとなれば膨大なメモリ領域が必要となり，大規模コンピュータを用いても室容積が大きなホールについて十分に高

い周波数まで解析を行うのは難しいのが現状である。このように，波動数値シミュレーションは音の物理現象を忠実に扱うという点で原理的に優れているが，ホールの音響設計で音楽の響きを試聴するというような目的にはまだ十分利用できる段階にはなっていない。しかし，基本設計の段階で重要な室形状の比較検討や拡散デザインなどには有効に利用できる。

5.6.5　完成後の音響測定

さて，以上に述べたようなプロセスを経てホールが出来上がると，設計で目標とした性能が実現されているか，予期せぬ音響的障害が発生していることはないかなどを調べるために，物理的な音響測定が行われる。

その基本はインパルス応答の測定である。実際のパルス音源として風船を破裂させたり，競技用のピストルの発火音を用いることもあるが，最近では**掃引パルス法**（**タイムストレッチドパルス法**ともいう）が広く用いられている[5]。この方法では，ステージ上の代表的な点に12面体などの無指向性スピーカを置き，それから大きなエネルギーを得るために周波数を連続的に変化させた信号（swept-sine signal：掃引パルス信号ともいう）を放射し，客席内の受音点でその応答音圧を録音する。それと音源信号の逆関数のたたみ込み積分を計算することによって，理想的なインパルスを放射したときに得られるインパルス応答に近い結果が得られる（●9）。

このようなインパルス応答から，5.4節で述べた各種の聴感物理量を計算することもできるし，1.2.7項で述べたようにインパルス応答積分法によって残響減衰が求められ，その傾斜から残響時間を求めることができる。また，インパルス応答をダミーヘッドや多チャンネルマイクロフォンを通して測定しておけば，それに任意のドライソースをたたみ込むことによって，音楽などの実際の音の響きを試聴することもできる。このような測定を座席のいろいろな点で行えば，場所の違いによる音の大きさや響きの違いを比較して聞いてみることもできる。

6 　環 境 騒 音

　音は，情報性や文化性などの面から考えて私たちにとってきわめて重要で必要不可欠なものである。一方で，日常生活のうえで情緒的な影響（アノイアンス），会話やテレビ・ラジオなどの聴取妨害，作業や学習の効率の低下などの原因となることもあり，さらに大きな音になれば聴力損失を引き起こす危険性もある。WHO（世界保健機構）の報告では，交通騒音などの影響を長期間受けると，心臓血管系の疾患などの身体疾患が誘発される危険性があると指摘されている。

　このような望ましくない音は一般に騒音と呼ばれているが，その内容はきわめて多様である。音楽でも，聞きたくないときには騒音になりうるし，バイクの音のようにそれを出す人と聞かされる人では受取り方が正反対になることもある。このように，騒音はきわめて心理的な内容を含み，物理的な面だけから一概に評価することはできないが，本章では，私たちが住む住環境で問題となっている一般的な騒音（環境騒音）について述べる。環境における種々の騒音を対象として，その影響の評価方法の研究，騒音の低減・伝搬防止技術の開発，さらには行政的な対応を扱う分野は**騒音制御工学**（noise control engineering）と呼ばれ，音響学の重要な分野の一つとなっている。

　なお，騒音がまったくない（聞こえない）環境などあり得ないし，場所や状況に応じて音は必ず存在する。このような音は"環境音"とも呼ぶべきで，必ずしもすべてを騒音ととらえるべきではない。このような考え方で，環境におけるさまざまな音を客観的に観察しようというサウンドスケープの概念については，7章で述べる。

6.1 環境騒音の種類と特徴

 環境騒音として問題となるのは，各種の交通機関，工場などの産業施設，建設工事によって発生する騒音などが代表的なものとしてあげられる。そのほかに，スポーツ施設やレクリエーション施設から発生する音も，周辺で騒音として問題になりやすい。また，市街地の住居地域などでは，ピアノなどの楽器の音や空調設備の室外機の発生音など，日常生活の中で発生する音が近隣の住民に迷惑を与えることもある。これらの音は，近隣騒音と呼ばれることもある。やや特殊なものとしては，再生エネルギー利用の一つとして注目されている風力発電施設（風車）の発生音も，これまでに経験したことがない新たな騒音として周辺地域で問題となっている。このように，環境騒音としては種々の騒音が問題となっているが，本書では生活環境で広く問題となっている交通騒音について 6.5 節で詳しく述べる。

 まず，環境騒音全般に共通の話から始めることとする。**図 6.1** は環境騒音の問題を一般化してフロー図として表したもので，騒音の発生→伝搬→受音（影響）のプロセスに分けている。それらの細かい内容は騒音の種類によって

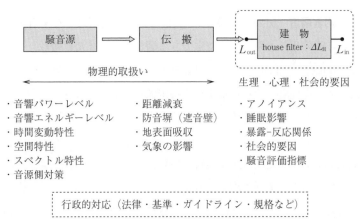

図 6.1 環境騒音問題のフロー図

異なり,その違いに応じて考えなければならないが,問題への対応を一般化して考える場合には,この流れを念頭に置く必要がある。このうち,騒音の発生と伝搬については物理的な扱いが主要となるが,騒音の影響を考えるうえでは,人間の聴覚生理・心理的反応,健康影響,さらには社会心理学的側面からの考察が必要となる。また,環境問題として大気や水質の問題などと同じように,騒音の発生から影響まで全体を通して行政的な対応もきわめて重要で,主要な環境騒音に対しては種々の法律・基準などの整備が進められている。

一般の環境には,複数の騒音が同時に存在するのが普通である。**図 6.2** はこのような状況を図示したもので,騒音の構成を考えると,以下のとおりである[1]。

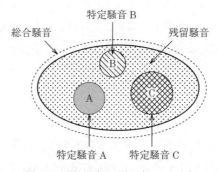

図 6.2 環境騒音の分類(JIS Z 8731)

まず,**総合騒音**(total noise)は,着目している場所に存在するすべての騒音を指す。そのうち,騒音源が特定できる騒音(一つまたは複数)を**特定騒音**(specific noise)と呼ぶ。例えば,道路騒音,鉄道騒音,航空機騒音が明確に聞こえるような場合,それらがすべて特定騒音である。これらのうちのある一つの騒音に着目した場合,それを除く他のすべての騒音を**暗騒音**または**背景騒音**(background noise)と呼ぶ。例えば,道路騒音に着目した場合,鉄道騒音,航空機騒音をはじめとして道路騒音以外のすべての騒音が暗騒音となる。また,仮に特定騒音のすべて除くことができたとしても,騒音源が特定できない騒音が残る。例えば深夜などに近くを通る自動車の音などが聞こえない静かなときにも,遠くから伝搬してくる音や自然界の音が必ず存在する。これを**残留

騒音（residual noise）と呼ぶ．騒音問題を取り扱ううえで，このような騒音の分類は重要である．

　騒音の違いによって，その時間的な変動の様子は異なる．例えば，交通量の多い高速道路からの騒音などは，変動しながらもほとんど絶え間なく聞こえてくる．それに対して鉄道や航空機からの騒音は間欠的である．さらに，建設工事に伴う発破や打撃の音などは衝撃性の騒音である．このような騒音の時間的な変動のしかたの違いによって，人間に対する影響も物理的な取扱い方も分けて考える必要がある．

6.2　環境騒音の評価

　上に述べたとおり，私たちが騒音によって受ける影響はきわめて複雑で，騒音の種類，状況や時間帯，さらには騒音源に対する価値観（社会的必要性，利便性，受益性など），音に対する感受性，慣れの程度などによって影響の程度は異なる．このような問題については，環境に関する心理学，社会学，疫学などの分野でも研究が進められているが，ここでは騒音制御工学の分野で実際的な騒音問題を扱ううえでの一般的な方法について述べる．

　騒音の影響としては，それによってどの程度の迷惑を受けるかがまず重要である．このような心理的影響を英語ではannoyanceと表現されることが多いが，これにぴったりの日本語がないので，日本でも"**アノイアンス**"として騒音による不快感や邪魔になる感じを表現することが多い[2]．このアノイアンスはきわめて複雑な心理的反応で，これを定量的に評価することはなかなか難しいが，一般的な環境騒音では**音の大きさ**（ラウドネス：loudness）がアノイアンスを決めるうえで重要な要因となっている．要するに，大きな音ほどアノイアンスが高いということから，環境騒音の評価ではラウドネスが基本となっている．これとは別に，騒音の**うるささ・やかましさ**（noisiness）という言葉も用いられるが，ラウドネスとアノイアンスの中間的な概念といえよう．

6.3 時間的に変動する騒音の評価

レベルが一定の定常音については，**騒音計**（1.2.4 項参照）の表示をそのまま用いればよいが，環境騒音には時間的に変動するものが多い。このような騒音の時間的変動性をどのように評価するかが重要である。そこで，環境騒音の各論に入る前に，その概略をまとめておく[3]。

6.3.1 最大騒音レベル（L_{AFmax}, L_{ASmax}）

1.2.4 項で述べたように，騒音計には時間重み付け特性としてレスポンスが速い特性（**F 特性**）と遅い特性（**S 特性**）の 2 種類が規定されており，これらの時間重み付け特性で測定した騒音レベルの最大値を**最大騒音レベル**と呼ぶ。記号としては，時間重み付け特性の別にそれぞれ L_{AFmax}, L_{ASmax} が用いられている。これらの量は，衝撃性あるいは間欠性の音の評価に用いられている。その場合，F 特性と S 特性の区別が重要である。衝撃性の音の評価では L_{AFmax} が用いられることが多く，6.5.2 項で述べるように新幹線騒音の評価などでは L_{ASmax} が用いられている。

6.3.2 時間率騒音レベル（$L_{\mathrm{AN},T}$）

変動する騒音レベルを統計的に評価するために，**図 6.3** に示すように騒音計の F 特性の時間重み付け特性によって測定した騒音レベルが評価の時間 T のうちの N パーセントの時間にわたってあるレベル値を超えている場合，そのレベルを **N パーセント時間率騒音レベル**（$L_{\mathrm{AN},T}$）とする。例えば，1 時間のうちの 50％の時間にわたって騒音レベルがある値を超えている場合，その値を **50 パーセント時間率騒音レベル** $L_{\mathrm{A50,1h}}$ とする。この値は**騒音レベルの中央値**とも呼ばれ，日本では道路交通騒音などの環境騒音の評価に長年にわたって用いられてきたが，6.5.1 項の〔5〕で述べる「騒音に係る環境基準」の平成 10 年の改定の際に，6.3.4 項で述べる**等価騒音レベル**に変更された。

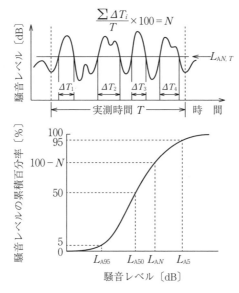

図 6.3　時間率騒音レベルによる評価

　地域の音環境の特性として残留騒音（図 6.2）を評価する際には，一定の時間 T（10 分程度とすることが多い）における **90 パーセント時間率騒音レベル** $L_{A90, T}$ あるいは **95 パーセント時間率騒音レベル** $L_{A95, T}$ が用いられる。

6.3.3　騒音暴露レベル（$L_{AE, T}$）

　騒音のエネルギー的な総量を評価することが必要な場合，式（6.1）で定義される**騒音暴露レベル**が用いられる。

$$L_{AE, T} = 10 \log_{10} \left[\frac{\frac{1}{T_0} \int_{t_1}^{t_2} p_A^2(t) \, dt}{p_0^2} \right] \quad \text{[dB]} \tag{6.1}$$

ただし，$p_A(t)$：A 特性の周波数重み付けをした瞬時音圧，$T_0 = 1$ s（基準の時間），$p_0 = 20\,\mu\text{Pa}$（基準の音圧）である。

　式（6.1）の意味は，時間 T（時刻 $t_1 \sim t_2$）の間の A 特性音圧の 2 乗の時間積分値（**騒音暴露量**）を基準の時間（1 s）で基準化し，基準の音圧（20 μPa）

の2乗に対する比としてデシベル表示した値ということである。この量は,単独で用いられることはあまりないが,つぎに述べる**等価騒音レベル**を求める際の中間的な量として重要である。

連続的な音の場合には,積分時間 T を長くするほど騒音暴露レベル $L_{AE,T}$ の値は大きくなるが,衝撃音や継続時間が限られている単発性騒音の場合には,1回の事象が積分時間 T に含まれている限り,騒音暴露量は T には依存しない。このような単一の事象に適用する場合には,**単発騒音暴露レベル**と呼び,記号として L_{AE} が用いられる。なお,単発騒音暴露レベルは,**図 6.4** に示すように,単発的に発生する騒音の騒音暴露量と等しい騒音暴露量をもつ継続時間 1 s の定常音の騒音レベルに相当する。

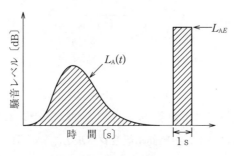

図 6.4 単発騒音暴露レベル

6.3.4 等価騒音レベル(時間平均騒音レベル)($L_{Aeq,T}$)

あらかじめ決められた時間内に発生する騒音の大きさをエネルギー平均的に評価するために,式 (6.2) で定義される**等価騒音レベル**(**時間平均騒音レベル**ともいう)が国際的に広く用いられている。

$$L_{Aeq,T} = 10 \log_{10} \left[\frac{\frac{1}{T} \int_{t_1}^{t_2} p_A^2(t) dt}{p_0^2} \right] \text{[dB]} \tag{6.2}$$

ただし,$T = t_2 - t_1$ [s](評価時間)である。

式 (6.2) の意味は,**図 6.5** に示すように,評価時間 T の全体にわたる騒音暴露量をその時間で平均し,基準の音圧(20 μPa)の2乗に対する比としてデ

6.3 時間的に変動する騒音の評価　123

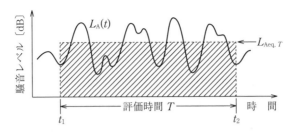

図 6.5 等価騒音レベル（時間平均騒音レベル）

シベル表示した値ということである。この定義式を見る限り，評価時間 T は任意であるが，環境騒音を評価する場合には，騒音の種類ごとに決められた時間帯（昼間・夜間，昼間・夕方・夜間など）の別に評価することになってい

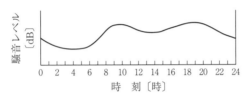

（a）連続的な変動騒音のモデル

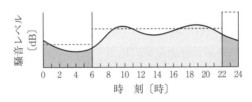

（b）時間帯別評価

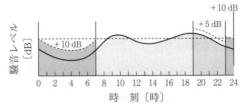

（c）L_{den} による評価

図 6.6 等価騒音レベルによる環境騒音の時間帯別評価

る。6.5.1項の〔5〕で述べる「**騒音に係る環境基準**」では，昼間と夜間の別に評価する。また，「**航空機騒音に係る環境基準**」では，昼間・夕方・夜間の別に評価し，時間帯ごとの騒音の影響の違いを考慮した補正（ペナルティ）を加えて1日についての等価騒音レベル〔**時間帯補正等価騒音レベル**（L_den）：後出の式(6.4)参照〕を表示量としている（**図6.6**）。

鉄道騒音や航空機騒音など間欠性の騒音について，長時間（例えば昼間，夜間など）の等価騒音レベルを求めるときには，発生ごとの単発騒音暴露レベルから式(6.3)によって計算する。

$$L_{\mathrm{Aeq},T} = 10\log_{10}\left[\frac{T_0}{T}\sum_{i=1}^{n}10^{L_{\mathrm{AE},i}/10}\right] \quad [\mathrm{dB}] \tag{6.3}$$

ただし，$L_{\mathrm{AE},i}$：評価時間 T の間に生じる n 個の単発的な騒音のうち，i 番目の騒音の単発騒音暴露レベルである。

6.4 環境騒音に関する法律・基準

環境騒音は，大気汚染や水質汚濁と同じように生活環境の質にかかわる問題であるので行政的な対応も重要であり，世界各国で法律・基準が設けられている。また，そのための騒音評価方法の国際共通化を図るためにISOなどで各種の規格がつくられており，その内容は日本でもJISや各種の法律に取り入れられている。

図6.7は，わが国における環境騒音に関する法律・基準の体系をまとめたもので，大きく分けると騒音の発生源に対する規制（**騒音規制法**），騒音の影響を受ける地域における騒音の保全目標（**環境基準**），および道路，鉄道，空港などの大規模な開発による環境騒音の変化の予測（**環境影響評価**）からなる。そのうち，環境基準は「人の健康を保護し，及び生活環境を保全する上で維持されることが望ましい基準」（環境基本法）で，騒音一般（主として道路騒音），航空機騒音，新幹線鉄道騒音について，それぞれ基準値が設けられている。これらの基準については，6.5節のそれぞれの項で述べる。

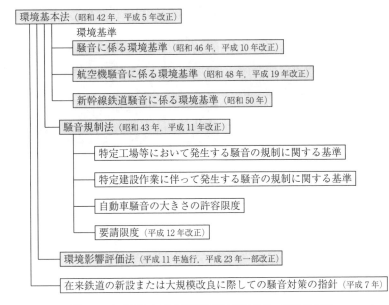

図 6.7 わが国における環境騒音に係る法律・基準の体系

6.5 交通騒音

　現代社会では自動車，鉄道，航空機などの交通機関が発達し，運輸・経済の上ではもちろん，私たちの日常生活のうえでも欠かせないものとなっている。一方，これらの交通インフラストラクチャの発達に伴って，種々の環境問題が発生し，沿道・沿線や空港周辺の地域では騒音が大きな問題となっている。交通機関の整備・拡充は今後も必要であるが，環境の質を保ちながら調和のとれた形で進めていく必要がある。本節では，これらの交通機関から発生される騒音の問題について述べる。

6.5.1 道路騒音

　図 6.8 は中世ドイツの版画で，乗合馬車が描かれている。一方，図 6.9 は日本の江戸時代の浮世絵で，旅人に交じって馬は描かれているが，馬車という

6. 環境騒音

図 6.8　15 世紀ドイツの乗合馬車〔出典：L. Tarr 著，野中邦子訳『馬車の歴史』，平凡社（1991）〕

図 6.9　葛飾北斎・富嶽三十六景（東海道程ヶ谷）

形での公共的な乗り物はなかった。このように日本で馬車が一般的な乗り物として使われなかったのは地勢的な理由にもよると思われるが，考えてみると不思議である。ヨーロッパなどでは古くから馬車が広く利用され，そのために車道と歩道の区別が明確であった。それに対して，馬車の時代がなかった日本ではその区別がなく，現代でもその影響を引きずっているように思われる。馬車の通行のためには道路の舗装も必要で，ヨーロッパの都市では古くから石畳が用いられた。その上を鉄で補強した車輪で馬車が走ると大きな騒音が発生する。そのため，350 年頃のローマでは，睡眠妨害を防ぐために夜間の馬車の通行が禁止されていたという。これは騒音規制のはしりともいえる。

　1880 年代後半に発明されたガソリンエンジンによる自動車は，日本にも大正時代に輸入され，また国産化も始まってモータリゼーションの時代に入った。その間の細かい経過は省略するが，図 6.10 は日本の過去 50 年間の自動車保有台数の推移を表している。1970 年前後の高度経済成長期の後，保有台数は急激に増大し，2000 年代後半には保有台数は世界で第 2 位にまでなっている。

　このように日本におけるモータリゼーションは急速に進んだが，それによって大気汚染や騒音が大きな環境問題となった。その行政的な対応として 1967 年（昭和 42 年）に「公害対策基本法」（現在の「**環境基本法**」）が制定され，

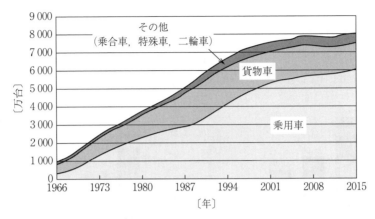

図 6.10 日本の自動車保有台数の推移（出典：自動車検査登録情報協会『わが国の自動車保有動向』）

発生源に対する規制と環境の保全目標が設定された。

〔1〕 **発生源対策**　自動車騒音に関しては，まず発生源対策として「**騒音規制法**」の中で1台の自動車が発生する騒音に対する規制（単体規制）が定められ，加速走行，定常走行，定置運転のモード別に発生騒音の上限値が車種別に決められている。その例として**図 6.11**に加速走行時の規制値を示すが，年

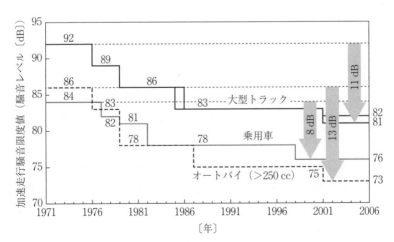

図 6.11 日本における自動車の加速走行騒音限度値の変遷

次を追って段階的に厳しくなっている．この規制を満たすために自動車メーカは騒音低減のための技術開発を進め，図 6.12 に示すように，規制が開始された 1971 年の時点に比べて現在では乗用車で 8 dB，大型車で 11 dB 以上の騒音低減が実現している．

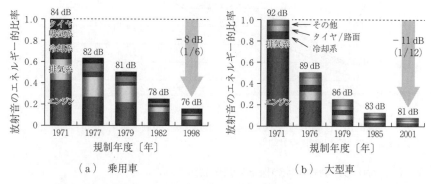

図 6.12　単体規制による加速走行音の低減の経緯（出典：日本自動車工業会『自動車交通と騒音』第 7 版）

このような低騒音化の努力によってエンジン系の音は格段に静かになった結果，乗用車ではタイヤによる発生音（タイヤ／路面騒音）が支配的となってきている．この音は，タイヤが路面に接触しながら回転することによって生じるので，タイヤの材料・構造・踏面の溝の形状（トレッドパターン）などによって音の発生のしかたが異なる．タイヤには走行安全性，操舵性，乗り心地など多くの機能が要求されるが，最近では低騒音性も重要な項目となっており，そのための技術開発がタイヤメーカで盛んに進められている．タイヤには路面との接触抵抗を大きくして牽引力を大きくするため，また路面との間に水膜ができることによって摩擦抵抗が著しく低下するハイドロプレーン現象を防止するために，図 6.13 に示すようないろいろなパターンの溝が彫られている．そのうち，横溝状のパターン（ラグ）では，タイヤの回転に伴ってその内部の空気が短時間のうちに圧縮・解放が繰り返されることによって連続的なパルス音（ポンピング音）が発生する．それに対して，縦溝状のパターン（リブ）ではそのような音は発生しないが，つねに路面との間に縦方向に 17 cm 程度の

6.5 交通騒音

リブ（縦溝）　　ラグ（横溝）　　リブ・ラグ　　ブロック

図 6.13　タイヤの代表的なトレッドパターン

長さの溝が生じ，その部分の開管共鳴によって約 1 kHz の周波数の音が発生する．この音を低減するために，縦溝の内部にさらに細かい分岐（ブランチ）を設けて共鳴周波数を分散させるような工夫もなされている．

このようなタイヤの発生音は，路面の性状にも大きく依存する．最近では，これまで一般的に用いられてきた密粒アスファルトコンクリート舗装以外に，**排水性舗装**（多孔質アスファルトコンクリート舗装）が多く使用されるようになった（**図 6.14**）．この舗装は，路面に水が溜まるのを防いで安全性を保つことが第一の目的であったが，多孔性のために吸音性をもつこと，また上記のタイヤの溝によって生じる音の発生を防ぐなどの効果もあり，最近では**低騒音舗装**とも呼ばれて道路交通騒音の低減のための決め手の一つとなっている（🔊10）．さらに古タイヤなどのゴム製品をチップ状に裁断し，それを接着剤で

密粒アスファル　　多孔質アスファ　　多孔質アスファ　　多孔質弾性舗装
トコンクリート　　ルトコンクリー　　ルトコンクリー
　　　　　　　　　ト（1層式）　　　ト（2層式）

図 6.14　道路の舗装の種類

固めたタイプの舗装（多孔質弾性舗装）も開発されている。この舗装は，あたかも絨毯（じゅうたん）の上を走るようにタイヤ騒音は小さくなるが，コストや施工面でまだまだ道路の舗装として一般に使われるまでには至っていない。

上に述べたように，最近の自動車騒音ではタイヤ／路面騒音の寄与が大きくなってきたため，EU 諸国などでは騒音源の排出規制の一つとしてタイヤ騒音の規制が始められている。日本でも，規制基準の国際整合化の流れの中で同様の規制が検討されている。

自動車から発生される騒音には，以上に述べた種類以外にガソリンエンジンやディーゼルエンジンでは排気管からの放射音がある。これを低減するために各種のマフラー（消音器）が工夫されており，放射音も**騒音規制法**の対象となっている。それにもかかわらず，自動車やオートバイの純正のマフラーを外して大きな音が出るものに取り換えることがしばしば行われている。これによって音の放射量は 20 dB（エネルギー的には 100 倍）にも増大することもある（🎧10）。このような非合法的な自動車の使い方を規制するために，**交換用マフラー事前認証制度**（国土交通省）が制定され，2010 年 4 月 1 日以降に製造された車両に取り付ける交換マフラーは，認証を受けたものでなくてはならないことになっている。しかし，このような法的規制があるにもかかわらず改造マフラーの装着は後を絶たず，エンジンの空ぶかし音などが沿道環境における騒音低減のうえで大きな支障となっている。

以上，騒音源としての自動車の騒音低減について述べたが，最近普及が目覚ましいハイブリッド車や電気自動車では，低速走行時の音が小さすぎることが問題となっている。図 6.15 にハイブリッド乗用車とガソリンエンジン乗用車の発生騒音を比較して示すが，15 km/h 以下の速度になるとハイブリッド車の音は著しく低くなっている。これによって，自動車の発進時などに歩行者が気付きにくく，特に視覚障害者にはきわめて危険であるということが大きな問題となっている。そのために，エンジンルーム内に取り付けたスピーカから人工音を出す装置を付けることが推奨され，将来は義務化されることが予想される。せっかく静かになった自動車に人工的な音源を付けることについては議論

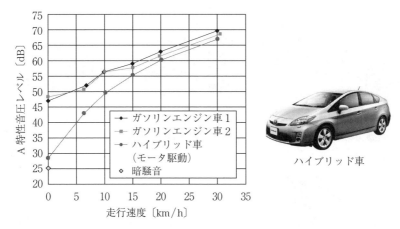

図 6.15 ハイブリッド車とガソリンエンジン車の騒音の比較
(測定：日本自動車研究所)

があるが，市街地における道路交通の安全性を高めるうえで重要な問題の一つである。

〔2〕 **伝搬対策** 自動車の走行音が沿道に伝搬していくのを防ぐ方法としては，道路の縁に塀（**遮音壁**）を立てることが最も一般的である。その形状としては，最も単純な直壁だけでなく，**図 6.16** に示すように塀の上部の断面形状をいろいろ工夫したタイプが開発されている。これらの塀は**先端改良型遮音壁**と呼ばれていて，全体の高さを抑えながら音の回折による伝搬をできるだけ小さくするために，原理的には先端部の厚さを増やすことによる効果，吸音材を挿入することによって生じる減衰効果，先端部の音の経路を分割してその長さに差をつける，あるいは凹みをつけることによって生じる音波の干渉を利用して音の回折伝搬を小さくする効果を狙ったものなどがある[4]（●11）。さらに，アクティブ騒音制御技術を応用して，壁への入射音をマイクロフォンで検知し，スピーカから逆位相の音を放射して干渉によって回折伝搬音を小さくする手法も実用化されている。

道路騒音の伝搬は，道路構造によっても大きく異なる。平たん道路や高架道路では音が周囲に伝搬しやすく，その防止のためには上に述べた遮音壁が必要

132　　6. 環境騒音

図 6.16　先端部を改良した各種遮音壁

となる．切土道路や半地下道路ではそれ自体がある程度の回折減衰効果をもっているが，沿道に住居などが近接している地域では遮音壁が必要となる場合が多い．

図 6.17 は，高架構造の高速道路とその下を通る国道の周辺に住居がある場合の例である．両方の道路には遮音壁が設けられ，住宅との間に緑地帯が設け

図 6.17　東京外郭環状線における防音対策

られている。このような場合，樹木による音の減衰は物理的にはほとんど期待できないが，その空間による音の距離減衰，騒音源を視覚的に遮る心理的効果は大きい。

図 6.18 は，住宅地を通る高速道路を半地下構造とした例で，このような構造がとれれば，道路から住宅地への騒音の伝搬は著しく低減される。半地下道路では，内部の壁などを吸音処理することによって，外部に放射される音が低減される（🔊11）。

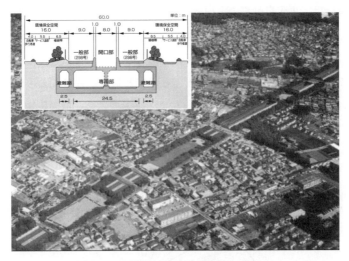

図 6.18 半地下道路（常磐自動車道）

〔3〕 **騒音伝搬の予測計算**　大規模な新規の道路建設の際には，環境アセスメントによって環境に対する影響を事前に予測することが**環境影響評価法**によって義務付けられており，騒音もその重要項目の一つである。既設の道路でも，騒音対策を立てる場合には事前にその効果を予測することが重要である。このような騒音予測の方法については，世界各国で予測計算モデルが開発されており，日本では日本音響学会が標準的な予測モデルを開発してきている。その最初のモデルは 1975 年に発表されているが，その後の環境基準の改正や伝搬過程の各種要因の扱い方の精緻化などの必要性から定期的に見直し・改良が

加えられ,2013年度に最新のモデル(ASJ RTN Model 2013)が発表されている[5]。この計算モデルの原理は以下のとおりである。

図 6.19(a)に示すように,道路からある予測点への騒音の伝搬を考える場合,線状に単純化した道路を1台の自動車が走行するモデルを考える。その場合,道路を一定の長さで分割してその中心に一定の音響パワーを放射する点音源を想定し,その区間を走行するのに必要な時間だけ音を放射するとして,その間の予測点に到達する音圧暴露量(音圧の2乗の時間積分値)を計算する。この計算には,まず自動車の車種と舗装の種類ごとに走行音の音響パワーレベル(1.2.2項参照)を走行速度の関数として設定し,それから周辺へ伝搬していく音の音圧を計算する。その際,点音源からの音の伝搬に伴う幾何拡散(逆2乗則による距離減衰,1.2.6項参照)を基本とし,遮音壁による減衰,地表面の吸音による減衰,周辺の建物などによる反射や遮蔽,風の影響や空気の音響吸収による減衰など,いろいろな要因の影響を含めて計算する。これらの各

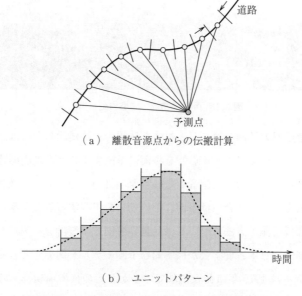

(a) 離散音源点からの伝搬計算

(b) ユニットパターン

図 6.19 自動車騒音の予測計算の原理(ASJ RTN Model)

要素については，それぞれ詳細な計算モデルが用意されている。このようにして各分割区間から予測点に到達する音圧暴露量を逐次計算することによって，図 6.19（b）に示すように予測点における音圧暴露量の時間経過（ユニットパターン）が得られる。そのエネルギー的な総和を計算すれば，1台の自動車が道路を走行したときの予測点における音圧暴露量の総量が求められる。これをもとに，時間帯ごとの車種別の走行台数を考慮することによって道路全体からの総暴露量を計算し，それを時間帯の長さで平均することによって**等価騒音レベル**が求められる。なおこのモデルでは，計算の簡易化のためにすべての量はA特性（1.2.3項参照）の周波数重み付けがされている。

〔4〕 **受音側の対策**　ドイツのアウトバーン（高速道路）などでは，道路から一定距離の間に住宅など静穏を要する建物の建設を制限し，建てる場合には建物側にもある程度の遮音性能をもつように義務付けている。日本でも一部の地方自治体で類似の対応を行っている例もあるが，全国的に法制化することは難しく，沿道に住宅が張り付いて建設されているのが現実である。また市街地では，道路に面して建物を建てざるを得ない。

このような状況では，騒音源側あるいは伝搬過程での対策と同時に，騒音の影響を受ける建物側でも相応の対策が必要である。図 6.20 は，建物の開口部の断面をモデル的に表した図で，外壁全体の遮音性能を高めるためには気密性の高い一重サッシ，二重サッシ，さらに二重のサッシの間に十分な空間を設けた**ダブルスキン構造（コラム 2.2 参照）**など，騒音の程度に応じて工夫する

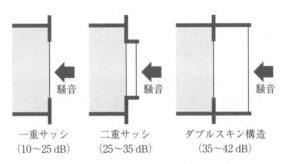

図 6.20　建物開口部の断面のモデル図

必要がある。日本では建築基準法や消防法などの規定によってあまり自由な設計は許されないが，沿道・沿線にも住宅などの建物を建てる以上，就寝時などには外部からの騒音を適度に遮断できる構造とすることが望ましい。**図 6.21**はオランダのデン・ハーグにある集合住宅で，道路に面した側の開口部には室の用途に応じて遮音性能の異なる窓構造が用いられている。**図 6.22**はドイツのドレスデンにある集合住宅で，既築の建物のバルコニーの外部にさらに引違いのガラス窓が付加されている例である。このようなダブルスキン構造を採ることができれば，外周壁の遮音性をきわめて高くすることができる。

図 6.21　各種の窓をもつ集合住宅の例（オランダ：デン・ハーグ）　　図 6.22　ダブルスキン構造の開口部の例（ドイツ：ドレスデン）

〔5〕**道路騒音に対する行政的対応**　沿道の音環境を保全するための基準として「**騒音に係る環境基準**」が 1971 年（昭和 46 年）に制定された。この基準では，土地利用の状況を考慮しながら，時間帯別（昼間，夜間）に騒音レベルの基準値が示された。その当時は，道路騒音の評価量として**騒音レベルの中央値**（6.3.2 項参照）が用いられていたが，その後の研究や国際的動向を考慮して 1998 年（平成 10 年）に環境基準が改正され，評価量が**等価騒音レベル**（6.3.4 項参照）に変更された。**表 6.1** に現行の「騒音に係る環境基準」を示す。この基準の主な対象は道路騒音で，地域の特性（地域類型）と道路の規模の別に基準値が設定されている。

6.5 交通騒音

表6.1(a)「騒音に係る環境基準」(昭和46年制定,平成10年改正)

地域の類型		昼間 (6:00〜22:00) $L_{Aeq, 16h}$	夜間 (22:00〜6:00) $L_{Aeq, 8h}$
一般地域	AA	50 dB 以下	40 dB 以下
	AおよびB	55 dB 以下	45 dB 以下
	C	60 dB 以下	50 dB 以下
道路に面する地域	A地域のうち2車線以上の車線を有する道路に面する地域	60 dB 以下	55 dB 以下
	B地域のうち2車線以上の車線を有する道路に面する地域およびC地域のうち車線を有する道路に面する地域	65 dB 以下	60 dB 以下

AA:特に静穏を要する地域
A:もっぱら住居の用に供せられる地域
B:主として住居の用に供せられる地域
C:相当数の住居と併せて商業,工業等の用に供される地域

表6.1(b)「騒音に係る環境基準」の「幹線交通を担う道路に近接する空間に関する特例」

	昼間 (6:00〜22:00) $L_{Aeq, 16h}$	夜間 (22:00〜6:00) $L_{Aeq, 8h}$
幹線交通を担う道路に近接する空間	70 dB 以下	65 dB 以下
(備考)個別の住居などにおいて騒音の影響を受けやすい面の窓を主として閉めた生活が営まれていると認められるときには,屋内へ透過する騒音にかかわる基準(昼間にあっては45 dB 以下,夜間にあっては40 dB 以下)によることができる。	(45 dB 以下:室内)	(40 dB 以下:室内)

6.5.2 鉄道騒音

鉄道の実用化は1830年開業のイギリスのリバプール・マンチェスター鉄道に始まり,それ以降,蒸気機関車の改良・強力化とともに鉄道が世界各国に普及し,近代産業の担い手となった。

日本でも,明治5年(1872年)に新橋-横浜間に最初の鉄道が開通し,その後,明治22年(1889年)の東海道本線の建設をはじめとして全国各地における主要な交通・運輸機関として発展を遂げてきた。動力も蒸気機関車に次いで

気動車（ディーゼル車），電車が開発され，現在では一部を除いてほとんどの路線が電化されている。

このように，鉄道は私たちの生活のうえでも欠かせない交通の手段の一つであるが，沿線の宅地化とその高密度化に伴って，列車走行による騒音・振動が問題化してきた。特に「夢の超特急」として1964年に登場した東海道新幹線では，開業直後に予想外の騒音・振動が沿線地域で大きな問題となった。それ以降，鉄道の高速化・高利便化と同時に，沿線における環境の保全の必要性が強く認識されるようになった。

在来線鉄道は，地域の発展を支え，日常の生活に溶け込んだ交通機関として重要な機能を果たしているが，高密度化した都市域における新線の建設や大規模化の際には，新たな騒音・振動源として環境に与える影響を最小化する努力が必要である。

〔1〕**鉄道騒音の発生源と対策**　鉄道騒音の主要な騒音源としては，図 6.23（a）に示すように，在来線鉄道では車輪がレールの上を走行することによって発生する転動音，衝撃音，きしり音をはじめ，その振動が高架橋などの構造物音に伝わって放射される構造物音，車両自体に装備されているモータやそれを冷却するためのファンからの発生音，気動車のエンジン音などが主要なものとしてあげられる[4),6)]。転動音は車輪とレール表面の微小な凹凸が原因であるが，その対策として車輪とレールの平滑化や振動を抑える制振の方法が開発されてきた。また，車輪の一部が欠けたり平たん化したりすると，その変形部がレールを連続的に打撃して大きな衝撃音（タイヤフラット音）が発生する。これを防ぐために，車輪の削正が行われる。在来線ではレールも信号系統に含まれ，駅の近くではレールを絶縁するために継ぎ目が設けられるが，このレール継ぎ目で大きな衝撃音が発生する。これを防ぐためには，可能な限りロングレール化する，それが不可能な場合にはレールの継ぎ目を溶接したり，斜めに接合する斜め接着絶縁継目の開発などが行われている。

列車が急曲線区間を通過するときにキーンという耳障りなきしり音が発生しやすい。その低減対策として防音車輪の採用，レールや車輪フランジへの塗油

6.5 交通騒音　　139

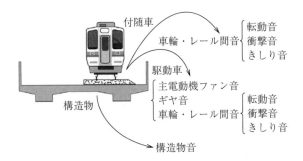

（a）在来線鉄道騒音の音源

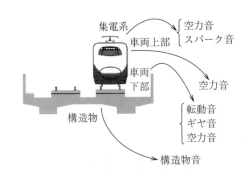

（b）新幹線鉄道騒音の音源

図 6.23　鉄道騒音の音源（出典：日本騒音制御工学会編『騒音用語事典』）

や散水，摩擦調整剤の採用なども行われている。

　鉄道の橋梁部（鋼橋やコンクリート橋）を列車が通過すると，構造物音が発生する。その対策としては，車輪とレールの間に発生する加振力の低減，車両の軽量化，発生した振動が構造物に伝わるのを低減するための種々の振動絶縁や制振対策が行われている。

　在来線の電車では，駆動モータが搭載されている電動車（M車）と搭載されていない付随車（T車）が組み合わされているのが一般的である。そのうちM車のモータには冷却ファンが取り付けられていて，大きな騒音源となって

いる．これを低減するために，冷却ファン自体の低騒音化，取付け位置のモータケーシング内への変更などが行われている．**図6.24**は，東京郊外の在来線で，旧型車両と新型車両の走行音を比較した例である．新型車両では全体的に騒音が下がっているが，特にM車の発生騒音がほとんど目立たなくなっており，冷却ファンの改造の大きな効果が認められる．

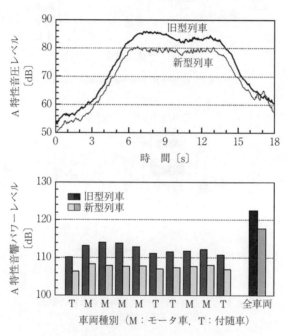

図6.24 在来線列車の騒音低減の例（小林，橘）

新幹線鉄道になると，図6.23（b）に示したように，車両が高速で移動するために発生する空力音や集電装置（パンタグラフ）から発生するスパーク音が主要な音源となる．これらの発生メカニズムの異なる音源の寄与率は，騒音対策の進展とともに変化してきた．新幹線開業当時は転動音が最大の音源であったが，車輪の平滑化対策や防音壁の設置によって低減され，それに代わってスパーク音が目立つようになってきた．これに対しても特高圧母線引き通しと呼ばれる対策が考案・実施された結果，現在ではほとんど問題にならなくなり，

それに代わる主要な騒音源としてパンタグラフを含めた車両上部からの空力音が浮かび上がってきた。この空力音の発生パワーは走行速度のほぼ6乗に比例し，高速走行時には最大の騒音源となる。そのために，車体の形状の改良（図6.25），車体表面および連結部の平滑化，パンタグラフとその周辺の形状の改良（図6.26）などが行われ，今では転動音など車両下部から発生する騒音と同程度にまで低減されている。新幹線鉄道については，このような"もぐら叩き"のような騒音低減技術の開発研究が続けられている。図6.27は，1964年の開業直後から最近までの東海道新幹線の列車走行騒音の変化（一部は推定値）を表したもので，上述の各種騒音対策の効果を背景に，発生騒音の低減と同時に速度向上が図られてきた経緯が示されている。

上に述べた騒音以外に，新幹線では**微気圧波**と呼ばれる現象が問題となった。これは，列車が高速でトンネルに突入したときに発生する空気の圧縮波がトンネル内を衝撃波として伝搬し，それがトンネル出口で解放されてドーンと

(a) 0系　　　　　　　　　　(b) N700系

図6.25　新幹線車両の改良の例

図6.26　空力音の低減のためのパンタグラフとその周辺の改良（N700系）

142 6. 環 境 騒 音

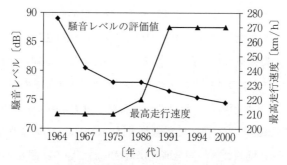

図 6.27 新幹線の高速化と騒音低減〔出典：環境省『平成 25 年度鉄道騒音に係る評価手法等検討調査業務新幹線鉄道騒音評価手法検討報告書』(2014)〕

いう衝撃音となって放射される現象である．これによって，近隣の家屋の建具などが振動し，二次的な音が発生することもある．この現象を防ぐために，列車の先頭部の断面形状の改良（断面積の連続的な変化）やトンネルの入口・出口を急激な圧力変化を緩和するための構造（緩衝工）にするなどの工夫が行われている．

現在，新幹線は東海道，山陽，上越，東北，長野，北陸，九州，北海道の 8 路線で総延長は約 2 550 km に及び，全国的なネットワークの充実が進められている．さらに第二の新幹線として磁気浮上式のリニア新幹線が実用化の段階となり，2027 年に東京-名古屋間を所要時間 40 分（時速 500 km/h）で結ぶ計画が実施に移された．2045 年には東京-大阪間を 1 時間で結ぶ計画も立てられている．このリニア方式では，高速走行による空力音の発生が大きな問題で，そのための研究開発が進められている．

〔2〕 **鉄道騒音に対する行政的対応**　　上に述べたように，1964 年（昭和 39 年）の東海道新幹線の開通直後，その騒音が大きな問題となり，行政的にもその対応が必要となった．そこで沿線における騒音の暴露実態の調査や近隣住民を対象とした社会反応調査が行われ，その結果に基づいて 1975 年（昭和 50 年）に「**新幹線鉄道騒音に係る環境基準**」が制定された（**表 6.2**）．

表 6.2 に示すこの基準では，新幹線騒音の測定・評価方法として列車通過時

6.5 交 通 騒 音

表 6.2 「新幹線鉄道騒音に係る環境基準」(昭和 50 年制定)

地域の類型	基準値 L_{ASmax}
I	70 dB 以下
II	75 dB 以下

I：主として住居の用に供される地域
II：商工業の用に供される地域等 I 以外の地域であって，通常の生活を保全する必要がある地域

の S 特性による最大騒音レベル L_{ASmax}（6.3.1 項参照）が用いられている（🖝12）。詳しくは，上り・下り合わせて連続して通過する 20 本の列車について L_{ASmax} を測定し，それら上位 10 本についてパワー平均した値で評価することになっている。基準値としては，沿線の土地利用状況を考慮した 2 種類の地域類型ごとに，表中の値が達成目標として示されている。このうち，ひとまず 75 dB の実現を目標として，1985 年以降 4 次にわたって住宅密度の高い地域を対象として騒音低減対策が行われてきている。リニア新幹線の建設にあたっても，この新幹線に係る環境基準の遵守が目標とされている。上に述べたように，この環境基準では列車通過時の S 特性による最大騒音レベルを評価量としているが，最近では 1 日の列車本数が 300 を超える路線も出てきており，列車本数が反映される等価騒音レベルなどのエネルギーベースの評価量に変更することも議論されている。

このような行政的対策にもかかわらず，新幹線の沿線も宅地化が進んでいる。その一例として，**図 6.28** は 1964 年の東海道新幹線の開業当時と 2003 年

(a) 建設当時（1964 年）

(b) 2003 年時点

図 6.28 新幹線沿線の状況の変化（愛知県安城市）

時点の同じ場所の写真であるが，耕作地であった沿線に住宅などの建物が多数建設されている。このような状況を避けるためには，土地利用計画と環境政策の整合が必要である。

在来線鉄道については，環境基準は制定されていないが，新規の鉄道敷設や既設の在来線を大規模に改良する際の指針として，**表6.3**に示す「**在来鉄道の新設又は大規模改良に際しての騒音対策の指針**」が1995年（平成7年）に環境庁（当時）から通達として出されている。この指針では，「騒音問題が生じることを未然に防止する上で目標となる当面の指針」の値として，道路交通騒音と同様に昼間・夜間の時間帯別の**等価騒音レベル**が示されている。

表6.3　「在来鉄道の新設又は大規模改良に際しての騒音対策の指針」（平成7年，通達）

新　線	昼間（7：00～22：00）：L_{Aeq}60 dB 以下 夜間（22：00～7：00）：L_{Aeq}55 dB 以下
大規模改良線	改良前より改善すること。

6.5.3　航空機騒音

鳥のように空を飛ぶのは人類の長い間の夢で，レオナルド・ダ・ヴィンチによる飛行器具の概念図が有名である。実際にも人力飛行の試みが数多く行われたが，動力を付けた本格的な飛行機としては，1903年のライト兄弟によるライトフライヤー号が最初で，それ以後，実用化が急速に進められた。第一次世界大戦（1914～1918），第二次世界大戦（1939～1945年）中には，主として軍用機としての開発に力が注がれた。その間，1927年にリンドバーグによる単発プロペラ機による大西洋無着陸飛行の成功があった。第二次世界大戦末期にはジェットエンジンの実用化が始められ，戦後になって旅客機としても実用化・大型化が進められた。

日本の民間航空の歴史は1922年（大正11年）にまで遡るが，第二次世界大戦で中断し，戦後は敗戦国として航空機の製作はもちろん，運行も禁止される期間があった。その後，1951年になって民間航空が再開され，1960年には羽田空港，1964年に伊丹空港でジェット旅客機の運行が開始された。ところが，

ジェット機特有の大きく耳障りな騒音が空港周辺で大きな問題となり，その対策が急務となった。このような航空機騒音は世界共通の問題であることから，**国際民間航空機関**（ICAO）が組織されて，環境問題の一つとして空港周辺における騒音低減のための対策が進められてきた[7]。

〔1〕**ジェットエンジンの低騒音化**　ジェット旅客機の騒音は，ジェットエンジン自体の発生音と機体の各部位で発生する空力音である。そのうち1960年代に就航した大型ジェット旅客機では，**図 6.29**（a）に示すような**ターボジェットエンジン**が採用されていた。

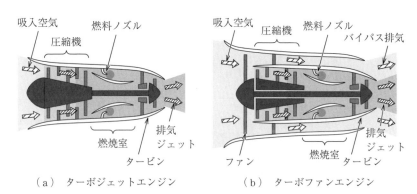

（a）　ターボジェットエンジン　　　　（b）　ターボファンエンジン

図 6.29　ジェットエンジンの低騒音化（出典：日本騒音制御工学会編『騒音用語事典』）

このエンジンは，燃焼室で燃焼した高熱の排気をノズルから噴出させることによって推進力を得る直接的な方式で，高速噴流のために発生騒音もきわめて大きかった。そこで考案されたのが図（b）に示す**ターボファンエンジン**で，ターボジェットエンジンの前部の軸に直結したファンを取り付け，エンジンの周囲にも空気をバイパスさせる。これによってエンジンとなるターボジェットを通過する高温・高速の噴流とバイパス経路を通る低温の空気が混合され，適度な噴流速度が得られ，それと同時に発生騒音も格段に低くなった。これによって，**図 6.30** に示すようにジェット旅客機の騒音は1960年代の機種に比べて現在では 20 dB 以上（パワーの比で 1/100 以下）の大幅な騒音低減が実

146   6. 環 境 騒 音

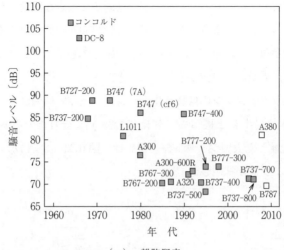

（a） 離陸騒音

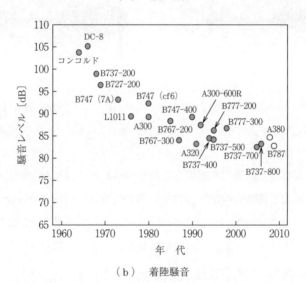

（b） 着陸騒音

図6.30 ジェット旅客機の発生騒音低減の経緯（出典：日本騒音制御工学会編『騒音用語事典』）

現された[4]。

〔2〕 **航空機騒音に対する行政的対応**　上に述べたように，1960年代にジェット旅客機の就航による航空機騒音が大きな問題となり，それに対する行

政的対応を考えるために，羽田や伊丹空港周辺における騒音調査や社会調査が実施された．その結果に基づいて1967年（昭和42年）には「**公害対策基本法**」や「**航空機騒音防止法**」，1973年（昭和48年）には「**航空機騒音に係る環境基準**」が制定された．この段階では，航空機騒音の評価量としてWECPNL（加重等価平均感覚騒音レベル）という指標が採用された．これは航空機騒音のうるささを評価するために考案された尺度で，これを正確に求めるためには周波数ごとの暴露量を正確に測定する必要があり，当時の一般的な騒音測定やデータ解析技術では実用的ではなかった．そのため，航空機の飛行ごとのS特性による最大騒音レベル $L_{A,Smax}$ と飛行回数から近似的に求める日本独自の方法が考案され，環境基準にも採用された．しかし，飛行回数の増大による騒音の増加が必ずしも正確に反映されないこと，また環境基準の制定当時に比べて騒音測定技術も格段に向上したことなどから，2007年（平成19年）に「航空機騒音に係る環境基準」（**表6.4**）が改正され，騒音の評価方法が変更された．この新しい方法では，式(6.4)に示すように1日を昼間・夕方・夜間に3区分し，昼間（7：00〜19：00の12時間）の騒音に対して夕方（19：00〜22：00の3時間），および夜間（22：00〜7：00の9時間）の騒音は影響が大きいということから，それぞれに+5dB（飛行回数を3倍に考える），+10dB（飛行回数を10倍に考える）の重み付けをしたうえで1日のエネルギー平均値として表した**昼夕夜時間帯補正等価騒音レベル**（L_{den}）が用いられることになった（図6.6参照）．

表6.4「航空機騒音に係る環境基準」（昭和48年制定，平成19年改正）

地域の類型	基準値 L_{den}
I	57 dB 以下
II	62 dB 以下

I：主として住居の用に供される地域（都市計画法にいう第一種住居専用地域および第二種住居専用地域）
II：その他の地域

$$L_{den} = 10 \log_{10} \left[\frac{T_0}{T} \left(\sum_i 10^{L_{AE,di}/10} + \sum_j 10^{(L_{AE,ej}+5)/10} + \sum_k 10^{(L_{AE,nk}+10)/10} \right) \right] \ \text{[dB]}$$

(6.4)

ただし，i，j，k は各時間帯で観測標本の i 番目，j 番目，k 番目を表し，$L_{AE,di}$ は 7:00 〜 19:00 の時間帯における i 番目の L_{AE}，$L_{AE,ej}$ は 19:00 〜 22:00 の時間帯における j 番目の L_{AE}，$L_{AE,nk}$ は 22:00 〜 7:00 の時間帯における k 番目の L_{AE} を表す．また，$T_0 = 1$ s，$T = 86\,400$ s（$= 24$ h）である．

このような L_{den} による評価のしかたは，一般の環境騒音の評価として EU 諸国でも標準的な方法として推奨されているが，時間帯の区分は国によって多少異なっている．

航空機騒音の対策としては，騒音源である航空機の低騒音化を目的として航空法で定められた耐空証明の中の**騒音基準適合証明制度**（自動車の車検に相当）の導入，地上の騒音をなるべく低くするための航空機の運航方式の採用，夜間運航の規制，空港の改良や騒音伝搬経路での対策（空港移転や海上空港の建設，防音堤の築造など），周辺対策（家屋移転や防音工事による被害軽減）などが行われている．

7 サウンドスケープ（音の風景）

　サウンドスケープという言葉が日本に広まりはじめてから，およそ30年が過ぎた。現在では特に目新しい言葉ではないが，その意味するところが多くの人々に理解されているかは疑わしい。サウンドスケープとは，ごく大まかにいえば，騒音であろうと楽音であろうと，どんな音にも存在する意味があるのだから，その背景も含めて感じてみることが大切であるという概念である。

　もともと日本人は虫の音に秋の訪れを感じ，ししおどし（鹿威し）の音の間（ま）や，岩にしみ入るかと思われるほどの蝉（せみ）の声に静けさを見いだすといった，細やかな感性をもっている。その一方で，障子や襖一つ隔てただけの，生活音が筒抜けになるような日本家屋に暮らすことを当然のように思ってきた歴史がある。サウンドスケープの概念が日本で受け入れられやすかったことには，こういった日本人のもつ感性や歴史がかかわっているものと思われる。

　そして今やサウンドスケープの概念は，知らず知らずのうちに私たちの日常生活やまちづくりに取り入れられてきている。本章では，サウンドスケープの基本的な考え方を述べ，ここ二十数年間に具体的に実践されてきた活動や成果などを紹介する。

7.1　サウンドスケープの概念と思想

7.1.1　サウンドスケープとは：マリー・シェーファーのサウンドスケープ論

　サウンドスケープは1960年代後半に生み出された用語で，「サウンド（sound）」と「〜の眺め／景」を意味する接尾語「スケープ（-scape）」との複

合語であり,「音の風景」と訳されることが多い。この言葉を単なる造語としてではなく,現代社会における新たなコンセプトとして初めて提唱したのは,カナダの作曲家,R. マリー・シェーファー（R. Murry Schafer, 図7.1）である。

彼はカナダを代表する作曲家であるが,1960年代からサイモン・フ

図7.1 マリー・シェーファー（2006年11月,九州大学芸術工学部にて）

レーザー大学で音楽教育を行う中,また自らが都市の騒音問題に直面するうちに,騒音問題を含む音環境の全体を扱う方法論を探る必要性を感じるようになった。彼はまず音環境の調査研究を開始し,その活動母体として組織されたのが「世界サウンドスケープ・プロジェクト」である。このプロジェクトが行った代表的な活動の記録には,ヴァンクーヴァーでの調査をまとめた報告書『ヴァンクーヴァー・サウンドスケープ』と2枚組みのLPレコード（1964）,ヨーロッパ各地での野外調査についてまとめた『ヨーロッパ音日記』,『五つの村のサウンドスケープ』（1966）,活動全体の成果を用語集の形でまとめた『音響生態学ハンドブック』（1968）などがある。これらの活動を通じてサウンドスケープは,つぎのように定義されるに至った。

「サウンドスケープ＝個人,あるいは特定の社会がどのように知覚し,理解しているかに強調点の置かれた音の環境。したがって,サウンドスケープはその個人がそうした環境とどのような関係を取り結んでいるかによって規定される」

つまりサウンドスケープとは,人間の周りに存在するすべての音によって構成される聴覚的環境であり,その聴覚的環境を人間がどのように聴き取り,感じ取り,とらえていくかによって出来上がる音の風景である。同時に,音だけにとどまらないさまざまな環境要素との関係性も重視される。

〔1〕 **ハイファイな音環境とローファイな音環境** シェーファーらは音環

境の調査研究を行う中で、さまざまなサウンドスケープを評価あるいは検討する際に「ハイファイ」、「ローファイ」という言葉を用いている。「ハイファイ」は high fidelity（高忠実度）の略語であり、一般的には高音質の家庭用オーディオ機器に対して「Hi-Fi ステレオ」などのように使われてきた。SN 比（信号対雑音比）が高いものがハイファイであるということもできる。シェーファーは、ハイファイとは適切な SN 比をもったシステムであり、ハイファイなサウンドスケープとは、環境騒音レベルが低く、個々の音がはっきり聞き取れるサウンドスケープを意味する、と述べている。ローファイなサウンドスケープとはこの逆であり、個々の音響信号は過密な音の中に埋もれてしまい、微細な音がかき消され、遠近感が失われる、としている。シェーファーは、一般に田舎のサウンドスケープはハイファイであり、都市のサウンドスケープはローファイであるとし、また時代の変遷によってもサウンドスケープはハイファイからローファイに移行しているとし、警告を発している。

このシェーファーのサウンドスケープに対する考え方は、主に自然の音や人間本来の生活の営みによって生まれてくる音を大切にし、それらがよく聞き取れるサウンドスケープを守っていこうという方向にあるが、この「ハイファイ」、「ローファイ」というとらえ方を拡大することによって、サウンドスケープの概念を現代の音環境設計や騒音対策にも役立てることができるのではないかと考えられる。

極端な例になるが、吸音処理などがなされていない建物に、ポンプやモータ、コンプレッサといった機械が数多く設置されていた場合、個々の機械から出る機械音は渾然一体となり、それぞれの機械音を特定することは非常に困難である。屋外に単独で設置されている機械が故障したとすれば、それは音からもすぐに故障という判断ができ、場合によっては音を聞くだけで故障の原因や対策までわかる場合もある。つまり前者は機械音にとってのローファイな環境であり、後者はハイファイな環境ととらえることができる。

もう少し身近な例をあげれば、駅の構内放送が聞き取りにくい場合、その駅の音環境はローファイであると考えられる。残響を少なくし、放送に使うス

ピーカの数を増やすことによってそれぞれの出す音量を抑えることで，アナウンスのSN比が向上したとすれば，それはハイファイな音環境に近づいたと評価することができる。

このように，どんな場面でもローファイな音環境よりもハイファイな音環境が望ましいと考えることができるのである。こういった観点から，現在私たちが置かれているさまざまな音に対する問題をサウンドスケープの概念をもとに考え，よりよいものにしていくことにつなげることができるのではないだろうか。

〔2〕 **イヤークリーニングとサウンド・エデュケーション** シェーファーが提唱したサウンドスケープに関する概念や手法の中で，特に音に関連する仕事や研究をしていたり，これからそれを目指そうとする人にとって重要なものとして「イヤークリーニング」と「サウンド・エデュケーション」をあげることができる。サウンド・エデュケーションは「音の環境教育」ととらえることもでき，後述するように学校教育などにも取り入れられている。シェーファーは著書の中で「サウンドスケープ・デザイナーの第一の職務は，聴き方を学ぶことである。ここで登場するのが"イヤークリーニング"という言葉である」と述べている。サウンドスケープ・デザイナーとはサウンドスケープに携わる人といった意味であり，言い換えれば音に注意を払って仕事をする人々と考えることもできる。

音を測定したり分析したりする機器や解析ソフトが非常に進歩した現在，音や騒音にかかわる仕事をする人が，まず自分の耳で音を聴いて判断するという行為が軽んじられているのではないだろうか。自分の耳で聴くことによって聴力損失を招いてしまうような大音量の場合は別として，対象となる音を自らの耳で聴いて確認することは重要であり，またその際に，ある程度客観的に音を聞き分けることのできる"聴く力"を備えておくこと（これがイヤークリーニングにあたる）は，音や騒音にかかわる仕事をする人の備えるべき資質といってもよいであろう。

しかし，音は生活の中で聞き流されることが多く，音を注意深く聴くという行動は意識して行わないと案外できにくいものである。つねに身近な音に耳を

傾け，周囲の環境に興味をもち，微細な音の変化にも意識を向けることができるようになるために，シェーファーは「サウンド・エデュケーション」という100の課題集を準備している。この課題の ① 〜 ③ の概要はつぎのようになっている。この三つの課題だけでも，耳の準備体操として時折やってみるといいのではないだろうか。

① 聞こえた音をすべて紙に書き出しなさい。時間は 2, 3 分でいい。聞こえた音のリストをつくろう。

② このリストをいろいろな方法で分類してみよう。まず自然がつくり出す音には N (nature)，人間が出す音には H (human)，機械の音には T (technology) のマークを付けてみよう。次に自分自身が出した音に X のマークを付けてみよう。持続していた音には C (continuous)，繰り返されていた音には R (repetitive)，一度だけの音には U (unique) のマークをそれぞれ付けなさい（課題を始めてからずっと持続している音で，しかもこの質問までは気付かなかった音は何？）。

③ 紙をもう 1 枚使って，紙の上のほうは大きい音，下のほうは小さい音，上から下へ大きな音から小さな音になるよう，リストの音を並べ替えてみよう。今度は紙を裏返しに，中くらいの円を真ん中に書いて，自分が出した音はすべてその円の中に書き入れる。他の音は円の外側に，聞こえてきた方向や距離によって配置してみよう。

7.1.2　日本におけるサウンドスケープの歴史と展開

マリー・シェーファーによってその概念が形づくられ，さまざまな活動が提唱されてきたサウンドスケープであるが，1980 年代後半から日本にも書籍をはじめいろいろな形で紹介され，たちまち大きな反響を呼んだ。そして現在までの 30 年ほどの間に，全世界で最もサウンドスケープの考えが広まり，これを理解し，研究したり調査や実践をしたりしている人が多いのは日本であるといっても過言ではない。現在，主に西欧においてサウンドスケープをシェーファーが提唱した内容よりも広くとらえ，音の調査研究に活用しようという動

きが広まっており，それを含めると必ずしも日本が一番とはいえない状況にある。しかし，もともとサウンドスケープが表そうとしていた概念に基づくさまざまな活動が，市民レベルにおいても活発に展開されているのは，日本であるといえよう。

なぜ日本でこれほどまでにサウンドスケープが受け入れられたのかについては諸説あるが，元来，日本人が音と風景の密接なつながりを当たり前のものとして考える感性をもっていたからであるというのが有力な説である。

〔1〕「世界の調律」と「都市の音」が与えたインパクト　日本におけるサウンドスケープの拡がりを考えるとき，『世界の調律』(1986) と『都市の音』(1990) という2冊の書籍が果たした役割は大きい。『世界の調律』は，マリー・シェーファーの著書 "The Tuning of the World" (1977) を鳥越けい子らが翻訳したものであり，『都市の音』は環境音楽の作曲家である吉村弘が著したエッセイ集である。

『世界の調律』は，多様化する生活様式の中で，騒音に対して寄せられる苦情の内容も変化してきたことから，その対応に苦慮していた地方自治体の環境担当者が，そのヒントをここに求めたものと思われる。おそらくこの本がなければ，7.2節で紹介する行政によるさまざまな取組みは生まれなかったのではないだろうか。音を他の環境要素と切り離さずに，環境全体の中でとらえるという考え方は，今では当たり前にも思えるが，当時はかなり斬新なものとして受け止められたものと思われる。また戦後忘れられていた古くからの日本の音のよいところ，障子や襖だけで隣の音は筒抜けという長屋でも，それをよしとして暮らしてきた日本人の感性などを思い出させるきっかけともなったのである。シェーファーのサウンドスケープ論をそのまま受け止めるのではなく，日本の音環境に当てはめて解釈を拡げながら読むことができたこともインパクトを生んだのであろう。

一方，『都市の音』を著した吉村弘は，日本の環境音楽の草分け的な存在である。彼はもともと美術を専門に学んでいたこともあり，サウンド・オブジェの製作や図形楽譜で自分の作品を表現するなど美術的センスを活かした活動も

多く行っていた。1982年に発表した『ナイン・ポストカード』(1982)はそのタイトルからもわかるとおり，絵葉書のような音楽である。風景に溶け込むというよりも風景を想起させる音楽といったほうがよいかもしれない。『都市の音』の中で吉村は，身近な音にもちょっとした気持ちを寄せることでその聞こえ方が変わってくることを，読者に押し付けることなく感じさせることを意図したと思われる。

〔2〕 **騒音行政から音環境行政へ**　サウンドスケープが日本で広まったのには，時代背景にもよると思われる。高度経済成長期に工場や道路などが盛んにつくられ，現在でいえば中国のような状況にあった日本は，騒音公害も深刻であった。しかし1980年代には徐々にではあるが工場騒音などによる苦情は減少し，都市生活者によるいわゆる近隣騒音による苦情が増加する傾向にあった。これは，それまで騒音を出す側と被害を受ける側がはっきりしていたのに対して，加害者と被害者がいつ入れ替わるかわからない，あるいはいつ誰が騒音を出す側になってもおかしくない状況となっていたことを示している。こうなってくると，騒音を出す側を規制するだけでは必ずしも解決に結び付かない。ここで新しい視点が必要だったわけである。

音には騒音と楽音だけでなく，さまざまな側面があり，そしてそれがどんな場所で聞かれるのかによって聞こえ方も違ってくること，つまり単体の音としてではなく，その音が置かれた環境にも目を向けて考える"音環境"という考え方がクローズアップされるようになったのである。

〔3〕 **サウンドスケープ・デザインへの展開**　サウンドスケープ・デザインは「サウンドスケープという考え方に基づいたデザイン活動」全般を指す。日本ではこういったサウンドスケープ・デザインの実践が数多く行われてきた。サウンドスケープの考え方に基づいた場合，デザインとは《モノづくり》ではなく《関係づくり》であり，人間と音との間に新たな関係を結ぶための仕掛けづくりである。このため「人工的な音をつくる＝プラスのデザイン」だけでなく，「大切な音を保全する，音そのものに関しては何もしない＝ゼロのデザイン」や「不必要な音を削除する＝マイナスのデザイン」も，サウンドス

ケープ・デザインには欠かせない手法となっている。

7.2 サウンドスケープの思想に基づくさまざまな活動

7.2.1 行政による活動

〔1〕 **残したい日本の音風景100選**　環境庁（現・環境省）では，1996年に**表7.1**に示す「残したい"日本の音風景百選"選定」事業を実施した。これは全国各地で人々が地域のシンボルとして大切にし，将来に残していきたいと願っている音の聞こえる環境（音風景）を広く公募し，音環境を保全するうえで特に意義があるものを選定したものである。

表7.1　残したい"日本の音風景百選"

北海道		
1	オホーツク海の流氷	オホーツク海沿岸
2	時計台の鐘	札幌市
3	函館ハリストス正教会の鐘	函館市
4	大雪山旭岳の山の生き物	東川町
5	鶴居のタンチョウサンクチュアリ	鶴居村
東北		
6	八戸港・蕪島のウミネコ	青森県八戸市
7	小川原湖畔の野鳥	青森県三沢市
8	奥入瀬の渓流	青森県十和田市
9	ねぶた祭・ねぷたまつり	青森県青森市，弘前市
10	碁石海岸・雷岩	岩手県大船渡市
11	水沢駅の南部風鈴	岩手県奥州市
12	チャグチャグ馬コの鈴の音	岩手県滝沢市
13	宮城野のスズムシ	宮城県仙台市
14	広瀬川のカジカガエルと野鳥	
15	北上川河口のヨシ原	宮城県石巻市
16	伊豆沼・内沼のマガン	宮城県栗原市，登米市
17	風の松原	秋田県能代市
18	山寺の蟬	山形県山形市
19	松の勧進の法螺貝	山形県鶴岡市
20	最上川河口の白鳥	山形県酒田市
21	福島市小鳥の森	福島県福島市
22	大内宿の自然用水	福島県下郷町
23	からむし織のはた音	福島県昭和村

7.2 サウンドスケープの思想に基づくさまざまな活動

表 7.1 （つづき）

		関　東
24	五浦海岸の波音	茨城県北茨城市
25	太平山あじさい坂の雨蛙	栃木県栃木市
26	水琴亭の水琴窟	群馬県高崎市
27	川越の時の鐘	埼玉県川越市
28	荒川・押切の虫の声	埼玉県熊谷市
29	樋橋の落水	千葉県香取市
30	麻綿原のヒメハルゼミ	千葉県大多喜町
31	柴又帝釈天界隈と矢切の渡し	千葉県松戸市，東京都葛飾区
32	上野のお山の時の鐘	東京都台東区
33	三宝寺池の鳥と水と樹々の音	東京都練馬区
34	成蹊学園ケヤキ並木	東京都武蔵野市
35	横浜港新年を迎える船の汽笛	神奈川県横浜市
36	川崎大師の参道	神奈川県川崎市
37	道保川公園のせせらぎと野鳥の声	神奈川県相模原市
		甲信越
38	富士山麓・西湖畔の野鳥の森	山梨県富士河口湖町
39	善光寺の鐘	長野県長野市
40	塩嶺の小鳥のさえずり	長野県岡谷市，塩尻市
41	八島湿原の蛙鳴	長野県下諏訪町，諏訪市
42	福島潟のヒシクイ	新潟県新潟市
43	尾山のヒメハルゼミ	新潟県糸魚川市
		東　海
44	遠州灘の海鳴・波小僧	静岡県遠州灘
45	大井川鉄道の SL	静岡県川根本町
46	東山植物園の野鳥	愛知県名古屋市
47	伊良湖岬恋路ヶ浜の潮騒	愛知県田原市
48	伊勢志摩の海女の磯笛	三重県鳥羽市，志摩市富町
49	卯建の町の水琴窟	岐阜県美濃市
50	吉田川の川遊び	岐阜県郡上市
51	長良川の鵜飼	岐阜県岐阜市，関市
		北　陸
52	称名滝	富山県立山町
53	エンナカの水音とおわら風の盆	富山県富山市
54	井波の木彫りの音	富山県南砺市
55	本多の森の蝉時雨	石川県金沢市
56	寺町寺院群の鐘	
57	蓑脇の時水	福井県越前市
		近　畿
58	三井の晩鐘	滋賀県大津市
59	彦根城の時報鐘と虫の音	滋賀県彦根市
60	京の竹林	京都府京都市
61	るり渓	京都府南丹市
62	琴引浜の鳴き砂	京都府京丹後市
63	淀川河川敷のマツムシ	大阪府大阪市

表7.1 （つづき）

64	常光寺境内の河内音頭	大阪府八尾市
65	垂水漁港のイカナゴ漁	兵庫県神戸市
66	灘のけんか祭りのだんじり太鼓	兵庫県姫路市
67	春日野の鹿と諸寺の鐘	奈良県奈良市
68	不動山の巨石で聞こえる紀ノ川	和歌山県橋本市
69	那智の滝	和歌山県那智勝浦町
中 国		
70	水鳥公園の渡り鳥	鳥取県米子市
71	三徳川のせせらぎとカジカガエル	鳥取県三朝町
72	因州和紙の紙すき	鳥取県鳥取市
73	琴ヶ浜海岸の鳴き砂	島根県大田市
74	諏訪洞・備中川のせせらぎと水車	岡山県真庭市
75	新庄宿の小川	岡山県新庄村
76	広島の平和の鐘	広島県広島市
77	千光寺驚音楼の鐘	広島県尾道市
78	山口線のSL	山口県山口市・島根県津和野町間
四 国		
79	鳴門の渦潮	徳島県鳴門市
80	阿波踊り	徳島県徳島市他
81	大窪寺の鐘とお遍路さんの鈴	香川県さぬき市
82	満濃池のゆるぬきとせせらぎ	香川県まんのう町
83	道後温泉振鷺閣の刻太鼓	愛媛県松山市
84	室戸岬・御厨人窟の波音	高知県室戸市
九州・沖縄		
85	博多祇園山笠の舁き山笠	福岡県福岡市
86	観世音寺の鐘	福岡県太宰府市
87	関門海峡の潮騒と汽笛	福岡県北九州市，山口県下関市
88	唐津くんちの曳山囃子	佐賀県唐津市
89	伊万里の焼物の音	佐賀県伊万里市
90	山王神社被爆クスノキ	長崎県長崎市
91	通潤橋の放水	熊本県山都町
92	五和の海のイルカ	熊本県天草市
93	小鹿田皿山の唐臼	大分県日田市
94	岡城跡の松籟	大分県竹田市
95	三之宮峡の櫓の轟	宮崎県小林市
96	えびの高原の野生鹿	宮崎県えびの市
97	出水のツル	鹿児島県出水市
98	千頭川の渓流とトロッコ	鹿児島県屋久島町
99	後良川周辺の亜熱帯林の生き物	沖縄県竹富町
100	エイサー	沖縄県うるま市

〔2〕 **音風景10選他（地方自治体における活動）** 東京都練馬区では，1990年に音の環境教育プログラムとして「ねりま・人・音・くらし'90」を実施した．これは音を聴くことを鍵にしたさまざまなワークショップや，練馬区

内の音環境資産を区民からの公募によって選定するコンテスト「ねりまを聴く，し・ず・け・さ10選」を行うものであった．その後，山形県，長崎市，横浜市，福岡市などでも，身近な音環境資産を発見し選定する試みが行われた．

横浜市では，こういった試みを踏まえ，1997年に「音環境配慮指針」と題する横浜市の音環境の目指すべきところを示す指針を取りまとめた．この指針では，横浜を「臨港エリア」，「自然エリア」，「住居エリア」，「都心エリア」，「商業エリア」という五つの特徴的なエリアに分け，それぞれに配慮すべきポイントを示している．また市民，事業者，行政の役割として，それぞれの立ち場で音環境に配慮することの大切さを記している．

〔3〕 **鐘の音の調査**　千葉県松戸市では，1994年「鐘の音に関するアンケート」調査を市立中学校の1年生に実施し，除夜の鐘が聞こえた場所を地図に表し「鐘の音マップ」を作成，発表した．除夜の鐘はテレビから聞こえるものと考えていた中学生も多かったが，アンケートを実施したことであらためて家族で除夜の鐘を聞く機会がつくられたといったコメントも寄せられた．

金沢市では，2002年に市内の寺院における鐘の運用実態と寺町周辺の住民意識についての調査を行った．その結果は「寺町寺院群の鐘と音風景」として公表されている．金沢市環境保全課からの委託を受け，金沢工業大学土田研究室が，鐘の所在と運用実態調査，寺町周辺地域の騒音レベル測定，住民意識調査（a.音風景100選の認知度　b.寺町の鐘の音の認知　c.鐘の音のイメージ　d.寺町の音）などの項目について詳しい調査測定を実施しており，報告書のむすびでは「ありふれた音であると思っていた鐘の音が，実は日常的には聞くことがほとんどできなくなってきている．何も手を打たなければ，さらに減っていってしまうであろう」と警鐘を鳴らしている．

全国的に寺院の梵鐘の多くは，戦時中の供出によって失われたが，その後多くの寺で檀家からの寄進や寄付によって再建されている．しかしそれが叶わず，戦前は鐘があったが現在はないという寺も実は多い．また撞き手がいないために朝晩鐘を鳴らすことができないという寺もあり，自動鐘つき機が導入さ

れている寺も少なくない。さらに交通騒音などによって，昔は聞こえていた鐘の音がかき消され，遠くまで届かないという状況も見られる。

　欧米においては教会の鐘の音が，日本においては寺の梵鐘の音が，地域のサウンドスケープの変遷を物語るとともに，身の回りの音環境を見直すきっかけになる可能性もある。

7.2.2　サウンド・エデュケーションの取組み

〔1〕　**市民活動としてのワークショップ**　　現在，サウンド・エデュケーションを取り入れた市民向けのワークショップが，全国各地で展開されている。その多くは，サウンドウォーク（身の回りの音に耳を傾けながら街を歩くこと）を行い，そこで聞こえた音を地図に落とし込み，サウンドマップをつくるというプログラム構成になっている。

　鎌倉，金沢，京都などの観光地で行われることもあれば，街を日常と異なる視点で眺めてその街についてあらためて考えることを目的として，ごく普通の地方都市で行われることもある。自然の音を楽しむ手法の一つとして，野山や公園で行われる例もある。

　例えば，大分市では2015年現在，駅前広場が再開発により駅ビルが完成し，県立美術館がオープンするなど大きな変貌を遂げているが，このタイミングで音の面から大分の街を見直し，今後のまちづくりを考えようという趣旨で，サウンド・エデュケーションの概念を取り入れたワークショップが継続的に行われている。図7.2（a）のように大分の街をチームごとに歩きながら，普段気にとめていないさまざまな音に耳を傾けて探し出す。その後，図（b）のように模造紙に見つけた音のメモを貼り付け，どんな音をどこで見つけたか発表していく。こういった取組みが重ねられることによって，商店街の運営やまちづくりに携わる人が街の音を話題にする場面が増え，音の視点から街を考えるという新たな動きが広まりつつある。

〔2〕　**学校教育における取組み**　　学校教育でも，環境学習の一つとしてサウンド・エデュケーションが取り入れられている。例えば大阪府では，環境学

7.3 サウンドスケープ・デザインと音環境デザイン

（a） 街で聞こえる音を探す

（b） 聞こえた音を地図に張り付ける

図 7.2　ワークショップの例（大分市）

習ハンドブックに「タウンリスニング」という学習方法を掲載している。学年の実態に応じて無理のないコースを設定し，あらかじめ特徴的な音が聴ける場所をチェックポイントとしてコース図に記しておき，数人ずつのグループでコース図をもとに耳を澄まして音を聴きながら街を歩き，どのような音が聞こえたかを記録する。事後学習として，すべてのグループが戻ってきたらどのような音を聴いたか発表し合い，「最も大きかった音は？」，「一番心に残った音は？」，「空間を移動した音は？」，「心地よかった音」，「不快に感じた音」などについて話し合う。安全な場所があれば目を閉じたり目隠しをして音を聴くこと，聴いた音を地図に記入して身近な街の音環境マップをつくることなども勧めている。

7.3　サウンドスケープ・デザインと音環境デザイン

音環境デザインという言葉は，サウンドスケープ・デザインがシェーファーによって提示された後，さまざまな音のデザインが行われはじめるに従って，日本において生まれたものである。1980年代後半から1990年代初めのいわゆるバブル期に「サウンドスケープ」という言葉が一般社会に流行し，それがために本来の意味からかけ離れた使い方をされる例（例えば，CDをかけると勝

手に鳥の声や水の音が背景音として流れる"サウンドスケープ・スイッチ"を搭載したアンプが発売されるなど）が増え，そういった現象と一線を画し，音だけでなく音環境としてデザインするという意識のもとに行われるデザイン活動を指す言葉として「音環境デザイン」が使われるようになったものと思われる。

一方で，元来，日本人は音楽ばかりでなく，さまざまな自然の音や人々が発する生活音なども楽しむ感性をもち，音そのものというよりもその音が聞かれる状況や環境を大切にしてきたとされ，あえてサウンドスケープあるいは音風景という新たな言葉を用いなくてもよいのではないかといった考え方から，音環境という言葉が使われるようになり，その一環として「音環境デザイン」が使われるようになったとも考えられる。

しかし，いずれにしても「サウンドスケープ・デザイン」と「音環境デザイン」は，音そのものだけではなく周りの環境も含めてデザインする活動全般を指すものであり，ほぼ同義と考えてよい。

7.3.1 施設計画・まちづくりへの応用

まず，施設計画・まちづくりへの応用として，日本における音環境デザインの事例とその変遷を紹介する。

〔1〕 1960〜1970年代　公共空間における音のデザインを考える際，最も歴史が長く，一般的とされるのはバックグラウンド・ミュージック（BGM）をスピーカから流す手法であろう。日本で作業環境やホテル，レストラン，デパートなどにBGMを流すことが一般的になったのは，日本バックグラウンド・ミュージック協議会（現・一般社団法人日本BGM協会）が設立された1967年前後と考えられる。高度経済成長の時代，音楽が流れる空間が賑わいのある空間としてとらえられ，地方のスーパーマーケットなどでもBGMが流されるようになった時代である。

その一方で，高度経済成長による社会変化からさまざまな騒音問題が生じたのもこの時代である。工場騒音や自動車騒音を規制する騒音規制法が施行され

たのは1968年であり，いわゆるピアノ騒音殺人事件が起こり，深刻な近隣騒音問題が取り上げられるようになったのは1974年である．

BGMがあちこちに設置されたスピーカから流され，それが賑やかさの象徴としてとらえられたのも一つの高度経済成長の現れであろう．したがって，この時代はまだそれらの新しい技術を用いて音環境をデザインするということにまでは至っていなかった．

音による空間デザインというとらえ方をすると，1970年に大阪で開催された日本万国博覧会におけるさまざまな実験音楽の試みは大きなエポックであった．この後展開される演出的な音環境デザインの多くが，複数チャンネルの音源を空間の各所に配置したスピーカから流すという手法を採っていることを考えると，その一つの起源を大阪万博に見いだすことができる．

〔2〕 **1980年代～1990年** それまでのBGMとは違った，地域や空間の特性を生かした音のデザインが行われはじめたのが1980年代前半であろう．音だけでなく照明など他の環境要素とともにデザインするという行為が意識されだしたものと考えられる．この時代の代表的な事例としては，つぎの二つがあげられる．

- **MOA美術館 大エスカレータ**（1982年）　静岡県熱海市のMOA美術館は，民間では最大規模の美術館であり，ムア広場と呼ばれる庭園からは相模湾が一望できるなど自然の景観にも恵まれている．特徴的な建築構造として，地形を生かした長い地下通路があり，踊り場2ヶ所を経て本館に至る高低差50 m，全長204 mに及ぶ大エスカレータが設置されている．ここは「美の殿堂への参道」として，美術館を訪れる人々が日常を離れ芸術の世界に身を置くために少しずつ気持ちを整える空間と位置付けられ，光，色彩，音で環境演出が行われた．開館当時は富田勲氏をはじめとする作曲家がオリジナルの作品をこの空間で発表するなど，新たな環境芸術創造の実験の場としても活用された．

- **釧路市立博物館**（1983年）　釧路市立博物館は，それまでの博物館に比べてきわめて創意工夫に富んだ展示方法と環境づくりがなされた博物館であり，特に実物を忠実に再現したジオラマが圧巻である．この博物館では，企画

段階から「サウンドスケープ計画」が取り入れられ，釧路の音の風景を自然な形で館内にもち込もうというさまざまな工夫がなされた。具体的な環境音を流すのではなく，イメージとしての風景や抽象的な風景をそれぞれの展示エリアに合わせて音で表現し，見る位置によって風景の見え方が異なるように聞く位置によって音も変化するデザインを施している。

一方，シェーファーのサウンドスケープ・デザインの考え方を踏襲する形で行われた日本初の公共空間の音デザインとしてあげられるのが，横浜西鶴屋橋（1988年）である。

• **横浜西鶴屋橋**（1988年）　橋の欄干に設置された音響装置の中には橋の振動によって揺れが誘発される金属片が入っており，シャラシャラシャラという澄んだ高い音が発せられる。橋が設置されている場所は，上部を高速道路が走り橋自体もバス通りになるなど交通騒音レベルの高い場所であるため，ごく小さなこの金属片の音は耳を澄ませたときに初めて聞くことができる。都会の喧騒から耳を背けていた人々の耳を開かせ，その空間の音環境にあらためて気付かせるという意味をもつ，サウンド・エデュケーション的なサウンドスケープ・デザインである。

このように，音や音環境のデザインについて画期的な試みが行われはじめたのがこの時期であるが，メンテナンスに対する継続的な予算措置がとられなかったり，デザインした当初のコンセプトがその後の施設運営に生かされなかったために，現在これらのデザインを体験することはできない。

そのほか，いわゆるバブルの時代には他との差別化を図るために多くの商業施設やイベント施設においてオリジナルの音や音楽を空間に流すことが流行した。しかし，これらの多くは流される空間の建築音響的な配慮がなされていなかったため，全体として良好な音環境づくりとなっていない場合が多かった。

〔3〕**1990年代〜2000年**　バブル崩壊後数年間はいわゆる"失われた20年"の始まりであり，音環境にお金をかける発想が急速に衰えた時代である。しかし"音環境のベースを整えたうえで本当に必要な情報音や演出音を最善の方法で加えていく"という音環境デザインの基本となる考え方には多くの共感

7.3 サウンドスケープ・デザインと音環境デザイン

が得られ，公共空間の音環境のあり方が問われるようになった。

厳しい経済状況の時代であったため特筆すべき音環境デザイン事例こそ少ないが，その後の音環境デザインの基盤がつくられた時期であると考えられる。そして1990年代後半になると環境全体をトータルにデザインする考え方が広まり，大規模プロジェクトにおいて新たな音環境デザインが採用されるようになった。代表として横浜における二つの事例と神戸でのイベントの事例をあげておく。

● **クイーンズスクエア横浜**（1997年）
横浜みなとみらい地区にオープンしたクイーンズスクエア横浜は，ショッピングモールだけでなくホテルや駅とも直結し，さらにみなとみらいホールやギャラリーなどの芸術文化施設をも含む巨大複合施設である（図7.3）。この施設の主動線となるクイーンモールは明るい吹抜け空間であるが，ここではポールに取り付けられたスピーカから移動して聞こえる環境演出音が独特の間（ま）をもって流されている。また入口の風除室でも特徴的な演出音が来場

図7.3 横浜クイーンズスクエア・クイーンモール

者を迎える。オープン以来，今も同じ音が流れている。

● **横浜国際総合競技場外周広場**（1998年）　2002年サッカーワールドカップ決勝戦の舞台となった横浜国際総合競技場（図7.4）では，バックスタンド広場を中心とする一周約1 kmの外周広場全体で音環境デザインが行われている。これはサッカーの試合のない日は市民の日常的なランニングや散歩の空間となることから，また周辺環境と巨大なスタジアムをさりげなく結び付ける意味も込めて，噴水やメッシュ状ポールからの照明と共生する形で，季節や時間によってさまざまに変化する環境演出音が流れるものである。

スピーカや音源装置の更新などによる変化はあるものの，基本的な音は現在

（a）エントランス　　　　　（b）バックスタンド広場の夜景

図7.4　横浜国際総合競技場

もオープン当時のものが使われている．もともと，ここで使用しているスピーカは災害時などの非常放送として用いることができる設計であり，非常の際の設備の有効利用の意味ももっていた．

　屋外空間における音環境デザインは，他の環境要素と一体となり，その場の風景の一部となることが重要であり，息の長いデザインとして継承されることが望まれる．

　● **神戸ルミナリエ**（1995 〜）　　1995 年から阪神・淡路大震災犠牲者の鎮魂の意を込めるとともに，都市の復興・再生への夢と希望を託して行われている「神戸ルミナリエ」も，光と音による空間演出での音デザインとしてあげられる．光の演出で有名なルミナリエであるが，ここで流される音は毎年オリジナルのものが創られ，ともすれば華やかなイベントの側面ばかりが際立つ中で，鎮魂や祈りというもともとのテーマを思い起こさせてくれる重要な役割を音が果たしている．

　〔4〕 **2000 〜 2010 年**　　2002 年には，東京タワー展望台が 43 年ぶりにリニューアルされ，他の視覚的なデザイン要素と同様に音環境デザインも企画設計段階から検討され，積極的にデザインが行われた（**図7.5**）．ここではすべてが「展望ミュージアム」のコンセプトに基づき「展望」を主役にするためのデザインとなっている．リニューアル前の展望台は昭和 30 年代の雰囲気そのままに，音環境についても有線放送が流され，修学旅行生やはとバスの観光客を呼び出す案内放送がひっきりなしに流れる，音についてはかなり無頓着な空

7.3 サウンドスケープ・デザインと音環境デザイン

（a）大展望台

（b）特別展望台

図7.5　東京タワーの展望台

間であった．リニューアルにおいてはまず存在する音の整理が行われ，建築的にも吸音性の天井材を用いるなどの配慮がなされた結果，適度な静けさが保たれる空間となっている．そのうえで各フロアに適した演出音が昼用，夜用に分かれてデザインされ，展望を際立たせるものとして流されている．この結果，特に夜間において来場者が増えたにもかかわらず，静かになったという印象を受ける場合が多いと報告されている．

さらに展望台の音環境がデザインされた結果，施設運営側にもいろいろなアイデアが生まれはじめ，定期的に生ライブなどが行われるようになった．「どのような音環境を来場者に提供するかは，施設側からのメッセージの一つ」という考え方がこういった動きを生んでいるものと思われる．

2000年代も後半に入ると，大型商業施設の新設において音環境デザインを行うのはごく一般的なこととなった．

表参道ヒルズ（2006年），東京ミッドタウン（2007年），有楽町マルイ（2007年）などにおいては，意匠的なデザインや照明のデザイン同様，ごく当然のこととして音環境がデザインされた．

例えば有楽町マルイでは，各フロアに設けられた休憩スペースやトイレで，ソファや什器に仕掛けられたスピーカから演出音が流されており，さらに音環境デザインのスタッフがホームページで紹介されるなど，音のデザインが商業的なPRツールとしても用いられている．

〔5〕 **サイン音のデザイン**　公共空間におけるサイン音がデザインされるようになったのは，1989年にJR山手線新宿駅と渋谷駅にいわゆる"メロディベル"が採用されたことから急速に広まった．駅毎に異なるメロディが流されたJRに対し，1991年には営団地下鉄（現・東京メトロ）は"発車サイン音"と呼ばれるサイン音を南北線全駅で採用した．これはその後，南北線の全線開業，都営三田線・東急目黒線との相互乗入れにより，現在では多くの駅のサイン音となっている．その後，神戸市営地下鉄海岸線（2001年），福岡市営地下鉄七隈線（2005年）では発車サイン音だけでなく，駅構内の位置案内としてもデザインされたサイン音が採用され，公共空間での音のバリアフリー・デザイン／ユニバーサル・デザインの考え方が拡がる先駆けとなった．

しかし，最近では発車サイン音や誘導サイン音に加えて自動放送やマニュアルのアナウンスなどの音が錯綜し，きわめて喧噪感が高い空間になっている例も見られる．また発車サイン音については，いわゆるご当地ソングを採用したメロディ的なサイン音が増える傾向にあり，今一度「何かを知らせるための音」としてのサイン音の役割に立ち返った見直しも必要と思われる．

〔6〕 **街を背景にした音楽会**　街を背景に音楽会を開催することで，新たなサウンドスケープを生み出す動きもある．

「都市楽師プロジェクト」は，さまざまな都市空間・建築空間を，「音の場」として活動している団体である．「その場で音が奏でられるからこそ感じられる空間の魅力」を体感してほしいとし，神田川に船を浮かべ，いくつもの古い橋の下でコンサートを開催し，それぞれの橋がつくり出す音の響きに身を委ねるといった実験的な活動を展開している（図7.6）．かつて日常の生活とともにあった音や音楽のあり方に想いを馳せつつ，鳥の鳴き声や木々の風に揺れる音，都市の雑踏さえも含みながら，音を聞かせることによって空間の魅力を意識させるという新しい空間デザインが指向されている．

横浜では毎年10月，ジャズ・プロムナードが20年以上にわたって開催されている．最近の来場者は15万人ほどといわれ，今や世界最大級のジャズ・フェスティバルとなっている．なかでも"街角ライブ"と呼ばれる催しは，み

7.3 サウンドスケープ・デザインと音環境デザイン

図 7.6　都市楽師プロジェクト（日本橋）

なとみらい，関内，桜木町，元町，伊勢佐木町といった横浜を代表する繁華街のあちこちで展開され，横浜らしい街並みを背景に終日ジャズが奏でられる（図 7.7，7.8）。

図 7.7　横浜"街角ライブ"（1）　　図 7.8　横浜"街角ライブ"（2）

7.3.2　音環境のユニバーサルデザインへの展開

2000 年 11 月に施行された「高齢者，身体障害者等の公共交通機関を利用した移動の円滑化の促進に関する法律」を受けて策定された「公共交通機関旅客施設の移動円滑化整備ガイドライン」に，2002 年 12 月「音による移動支援」の項目が追加された。主に視覚障害への移動支援として，改札やトイレ，プラットホーム上階段の位置案内，エスカレータの行き先案内，地下鉄出入口の

案内など，駅の各所で音声やサイン音を流そうというものである．しかしこれも，現状の音環境に音案内を付け加えるだけでは，黒い画用紙に絵を描くのと同じであり，視覚障害者のみならず，一般利用者にもさらに混迷を深めることになりかねない．

ユニバーサルデザインはすべての人のためのデザインといわれるが，音環境においてもユニバーサルデザインとして，視覚障害者だけを対象にするのではなく，高齢者や子ども，聴力障害者や知的障害者のことも念頭に置き，誰にとっても歓迎され，使いやすく快適なデザインを考えなければならない．さらにオリンピック・パラリンピックの開催や観光立国としてのあり方を考えると，多くの外国人や，障害を持つ外国人への対応も早急に検討しなければならない．

いったい何から手を付けたらよいのかと考えあぐねてしまいそうであるが，この音環境のユニバーサルデザインを考えるうえでも，サウンドスケープ・デザインの概念は有効である．例えば，音声による公共空間での情報伝達を考えると，情報を伝える音を大きくするのではなく，周辺環境の騒音自体を下げることによって案内音を聞こえやすくし，それまで埋もれていたさまざまな情報源となる音を浮かび上がらせることができるであろう．すなわち図 7.9 で，

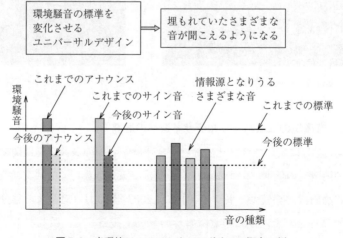

図 7.9　音環境のユニバーサルデザインの概念の例

7.3 サウンドスケープ・デザインと音環境デザイン

環境騒音のこれまでの標準を実線で表すとすると，これまではその環境騒音の中でも聞こえるように，アナウンスもサイン音も大きなレベルが必要であった。しかし環境騒音全体が下がり，点線で示した今後の標準程度になるとしたら，アナウンスやサイン音も小さな音でも聞こえるようになる。それと同時に，それまで環境騒音に埋もれていたさまざまな音，例えば自動販売機の音やエスカレータの駆動音なども聞こえるようになり，これらがその場の状況を知らせる役目をもちうる。これはつまりサウンドスケープ概念でいうところのハイファイな音環境づくりであり，今後さらにサウンドスケープ概念の応用は社会の音環境づくりにおいて重要になってくるであろう。

引用・参考文献

■さらに勉強したい人のために（**本書全体を通して**）
1) 永田 穂 編著：建築音響（音響工学講座），コロナ社（1988）
2) 子安 勝 編著：騒音・振動［上，下］（音響工学講座），コロナ社（1978, 1982）
3) 前川純一，森本政之，坂上公博：建築・環境音響学（第3版），共立出版（2011）
4) 橘 秀樹，矢野博夫：改訂 環境騒音・建築音響の測定（音響テクノロジーシリーズ），コロナ社（2012）
5) 鈴木陽一，赤木正人，伊藤彰則，佐藤 洋，苣木禎史，中村健太郎：音響学入門（音響入門シリーズ），コロナ社（2011）
6) 東山三樹夫：音の物理（音響入門シリーズ），コロナ社（2010）
7) 平原達也，蘆原 郁，小澤賢司，宮坂榮一：音と人間（音響入門シリーズ），コロナ社（2013）

3 章
1) 上野 淳：学校建築ルネサンス，鹿島出版会（2008）
2) 日本建築学会：学校施設の音環境保全規準・設計指針（2008）
3) 中島章博，上野佳奈子，坂本慎一，橘 秀樹：オープンプラン教室配置における音響伝搬特性の検討，日本建築学会環境系論文集，**626**†，pp. 415〜422（2008）
4) 西沢啓子，宗方 淳，佐久間哲哉：難聴学級の建築音響性能と教師の意識—難聴生徒の教室音環境に関する実態調査 その1—，日本建築学会環境系論文集，**598**，pp. 9〜14（2005）
5) 上野佳奈子，中島ちひろ：障碍児のための学習・生活空間の音環境に関する調査研究，日本建築学会環境系論文集，**682**，pp. 933〜940（2012）
6) 川井敬二：保育所等における音の問題，騒音制御，**39**, 3, pp. 58〜62（2015）
7) 上野佳奈子，橋本都子，倉斗綾子：教師と連携したオープンプラン小学校における教育実践—音環境の保全と響きの活用に向けた取組み，日本建築学会技術

† 論文誌の巻番号は太字，号番号は細字で表記する。

報告集, **21**, 48, pp. 671〜676（2015）

4 章

1) 横山 栄, 向井ひかり, 橘 秀樹：公共空間の音環境に関する実測調査例, 騒音制御, **23**, 4, pp. 228〜231（1999）
2) 伊積康彦：駅コンコースにおける音環境の実態調査, 騒音制御, **38**, 2, pp. 93〜96（2014）
3) S. Yokoyama, K. Ueno, S. Sakamoto, H. Tachibana：6-channel recording/reproduction system for 3-dimensional auralization of sound fields, Acoust. Sci. & Tech., **23**, 2, pp. 97〜103（2002）
4) 横山 栄, 橘 秀樹：公共空間における音環境の評価, 騒音制御, **30**, 6, pp. 477〜481（2006）
5) 飯田一博, 森本政之 編著：空間音響学（音響サイエンスシリーズ），コロナ社（2010）
6) 森 淳一, 横山 栄, 佐藤史明, 橘 秀樹：幾何音響シミュレーションと6チャンネル再生手法を用いた広域防災放送システムの可聴化の試み, 騒音制御, **38**, 2, pp. 123〜131（2014）
7) 橘 秀樹：公共空間における安全性確保のための音響情報の重要性, 騒音制御, **38**, 2, pp. 81〜82（2014）
8) 木幡 稔：話速制御や自動ポーズ長制御を用いた明瞭度の改善, 騒音制御, **38**, 2, pp. 106〜109（2014）
9) 横山 栄：公共空間における拡声放送の聞き取りにくさに関する評価実験, 騒音制御, **38**, 2, pp. 101〜105（2014）
10) S. Yokoyama, H. Tachibana, S. Sakamoto, T. Okano：Study on the speech intelligibility of public address system in a tunnel, inter-noise 2007（2007）
11) 鈴木陽一, 佐藤 洋：日本音響学会「災害等非常時屋外拡声システムのあり方に関する技術調査研究委員会」の活動について, 騒音制御, **38**, 2, pp. 89〜92（2014）
12) 白石君男：聴き手から見た屋内空間の音バリアフリー, 騒音制御, **38**, 2, pp. 83〜88（2014）

5 章

1) 上野佳奈子 編著：コンサートホールの科学（音響サイエンスシリーズ），コロナ社（2012）

2) レオ・L. ベラネク，日高孝之，永田 穂：コンサートホールとオペラハウス—音楽と空間の響きと建築，Springer（2005）
3) 上野佳奈子，橘 秀樹：ホール音場における演奏家の意識—言語構造に着目した実験的検討—，日本音響学会誌，**59**，9，pp. 519～529（2003）
4) K. Ueno and H. Tachibana：Experimental study on the evaluation of stage acoustics by music players using 6-channel sound simulation system, Acoustical Science and Technology, **24**, 3, pp. 130～138（2003）
5) 山崎芳男，金田 豊 編著：音・音場のディジタル処理（音響テクノロジーシリーズ），コロナ社（2002）

6 章

1) 日本工業規格 JIS Z 8731：「環境騒音の表示・測定方法」，日本規格協会
2) 桑野園子，難波精一郎：実験室実験や社会調査におけるアノイアンス評価，日本音響学会誌，**71**，12，pp. 675～681（2015）
3) 日本音響学会 編：改訂 環境騒音・建築音響の測定（音響テクノロジーシリーズ），コロナ社（2012）
4) 日本騒音制御工学会 編：騒音用語事典，技報堂出版（2010）
5) 日本音響学会道路交通騒音調査研究委員会：道路交通騒音の予測モデル"ASJ-RTN-Model2013"，日本音響学会誌，**70**，4，pp. 172～230（2014）
6) 長倉 清：鉄道騒音問題への取り組み，日本音響学会誌，**66**，11，pp. 571～576（2010）
7) 山田一郎：環境騒音としての航空機騒音の問題への取り組み，日本音響学会誌，**66**，11，pp. 565～570（2010）

7 章

1) R. マリーシェーファー 著，鳥越けい子，庄野泰子，若尾 裕，小川博司，田中直子 訳：世界の調律—サウンドスケープとはなにか，平凡社（1986）
2) 吉村 弘：都市の音，春秋社（1998）
3) R. マリーシェーファー 著，鳥越けい子，今田匡彦，若尾 裕 訳：サウンドエデュケーション，春秋社（1998）
4) 鳥越けい子：サウンドスケープ—その思想と実践，鹿島出版会（1997）

索　　　引

〔あ〕

アノイアンス　119
合わせガラス　28
暗騒音　118

〔い〕

閾値　6
イヤークリーニング　152
インパルス応答
　　15, 79, 102, 111
インパルス応答積分法　15

〔う〕

ヴィニャード型　98
ウェーバー・フェヒナーの
　　法則　5
浮き床構造　33
うるささ・やかましさ　119

〔お〕

オクターブバンド分析　10
オーケストラ　100
音の大きさ　6, 119
音の大きさのレベル　7
音の高さ　6
音の強さ　6
　　――のレベル　6
音の橋　22
オープン教室　49
オペラ　96
オペラハウス　100
音圧　5, 6
音圧レベル　5, 6
音響エネルギー密度レベル　6

音響エネルギーレベル　5
音響シミュレーション　110
音響透過損失　17, 18
音響透過率　18
音響パワーレベル　5
音線法　79, 113

〔か〕

外周壁　26
外壁　27
片廊下式　48
学校施設の音環境保全規準・
　　設計指針　52
可動間仕切壁　58
環境影響評価　124
環境影響評価法　133
環境基準　124
環境基本法　126
乾式二重壁　21
乾式二重床　36

〔き〕

幾何音響　79
幾何音響シミュレーション
　　112
幾何拡散による減衰　12
逆2乗則　12
鏡像法　112
共鳴器型吸音機構　51
虚像法　79, 112
距離減衰　12

〔く〕

空気伝搬音　16, 47

〔け〕

軽量床衝撃音　35
建築基準法　29

〔こ〕

コインシデンス限界周波数
　　20
コインシデンス効果　19
公害対策基本法　147
交換用マフラー事前認証
　　制度　130
公共空間　70
航空機騒音に係る環境基準
　　124, 147
航空機騒音防止法　147
高速フーリエ変換　10
国際民間航空機関　145
固体伝搬音　16, 31, 106

〔さ〕

最大騒音レベル　120
在来鉄道の新設又は大規
　　模改良に際しての騒音
　　対策の指針　144
サウンド・エデュケーション
　　152
サウンドスケープ・デザイン
　　155
サウンドブリッジ　22
サウンドレベルメータ　9
ささやきの回廊　91
残響　101
残響時間　13, 48, 73, 97, 101
　　――の推奨値　59

残留騒音 118	総合音響透過損失 24	〔ね〕
〔し〕	相似則 111	
	側路伝搬 58	音色 6
直張り仕上げ 36	〔た〕	〔の〕
時間重み付け回路 9		
時間帯補正等価騒音レベル 124	タイムストレッチドパルス法 115	ノイズ断続法 15
時間平均騒音レベル 122	タイヤ/路面騒音 128	〔は〕
室間音圧レベル差 30, 57	多孔質吸音材料 51	背景騒音 118
室内音響学 98	たたみ込み演算 80	排水性舗装 129
遮音等級 30	タッピングマシン 38	波動音響 79
遮音に関する質量則 19	ダブルスキン構造 24, 135	波動音響シミュレーション 113
遮音壁 131	ターボジェットエンジン 145	
自由音場 12	ターボファンエンジン 145	板振動型吸音機構 51
周波数分析 10	単一共鳴器 92	〔ひ〕
重量床衝撃音 37	単体規制 127	
シューボックス型 96	単発騒音暴露レベル 9, 122	微気圧波 141
新幹線鉄道騒音に係る環境基準 142	〔ち〕	標準軽量衝撃源 38
人工音声合成 78	昼夕夜時間帯補正等価騒音レベル 147	標準重量衝撃源 38
親密度 81	聴感物理量 102	〔ふ〕
〔す〕	〔て〕	フォン 7
数値シミュレーション 79, 110		複層ガラス 28
	低域共鳴（共振）透過 21	ブーミング 66
〔せ〕	低騒音舗装 129	フラッターエコー 90
セービンの残響式 97	定バンド幅分割 10	フランキング 24
線音源 12	定比バンド幅分割 10	文章了解度 81
先端改良型遮音壁 131	デシベル 4	〔へ〕
〔そ〕	点音源 12	平均吸音率 14, 59
掃引パルス法 79, 115	〔と〕	ヘルムホルツレゾネータ 92
騒音基準適合証明制度 148	等価吸音面積 30	〔ほ〕
騒音規制法 124, 127, 130	等価騒音レベル 9, 44, 57, 72, 120, 122, 135, 136, 144	防災行政無線 85
騒音計 9, 120		防災行政無線システム 87
騒音制御工学 116	等級曲線 30, 40	〔ま〕
騒音に係る環境基準 124, 136	等ラウドネス曲線 7	マルチエコー 83, 85
騒音暴露量 121	特定騒音 118	〔め〕
騒音暴露レベル 9, 121	〔な〕	
騒音レベル 7, 8, 47, 71	鳴き竜 89	面音源 13
——の中央値 120, 136		

〔も〕

模型実験　　　　　　　110
モーラ　　　　　　　　81

〔ゆ〕

床衝撃音　　　　　　47, 58
床衝撃音レベル等級　　40

〔ユ〕

ユニバーサルデザイン　170

〔ら〕

ラウドネス　　　　　6, 119
ラウドネスレベル　　　　7

〔り〕

リニア新幹線　　　　　142

95パーセント時間率騒音
　　レベル　　　　　　121

〔両〕

両耳効果　　　　　　　102

〔れ〕

レベル　　　　　　　　　4
連続的時間遅延方式　　　84

〔数字〕

$1/n$ オクターブバンド分析　　10
$1/3$ オクターブバンド分析　　10
6チャンネル収音・再生方式　　75
50パーセント時間率騒音
　　レベル　　　　　　120
90パーセント時間率騒音
　　レベル　　　　　　121

〔A〕

A特性　　　　　　　　　8
A特性音圧レベル　　　7, 8

〔B〕

box in box　　　　　　106

〔C〕

C特性　　　　　　　　　8

〔F〕

F特性　　　　　　　9, 120

〔N〕

Nパーセント時間率騒音
　　レベル　　　　　　120

〔S〕

S特性　　　　　　　9, 120

―― 著者略歴 ――

橘　秀樹（たちばな　ひでき）
1967 年　東京大学工学部建築学科卒業
1972 年　東京大学工学系大学院博士課程修了（建築学専門課程）
1972 年　東京大学助手
1973 年　工学博士（東京大学）
1975 年　東京大学講師
1977 年　東京大学助教授
1991 年　東京大学教授
2004 年　東京大学名誉教授
2004 年　千葉工業大学教授
2014 年　千葉工業大学退職

上野　佳奈子（うえの　かなこ）
1996 年　東京大学工学部建築学科卒業
1998 年　東京大学大学院工学系研究科修士課程修了（建築学専攻）
1999 年　東京大学助手（2007 年〜助教）
2003 年　博士（工学）（東京大学）
2008 年　明治大学専任講師
2010 年　明治大学准教授
2016 年　明治大学教授
　　　　　現在に至る

船場　ひさお（ふなば　ひさお）
1989 年　九州芸術工科大学芸術工学部音響設計学科卒業
1989 年　株式会社若林音響勤務
1993 年　千代田化工建設株式会社勤務
2007 年　九州大学大学院芸術工学府博士後期課程修了（芸術工学専攻），博士（芸術工学）
2008 年　横浜国立大学 VBL 講師
2011 年　フェリス女学院大学専任講師
2016 年　岩手大学特任准教授
　　　　　現在に至る

田中　ひかり（たなか　ひかり）
1995 年　明治大学理工学部建築学科卒業
1997 年　明治大学大学院理工学研究科博士前期課程修了（建築学専攻）
1997 年　株式会社小野測器勤務
2004 年　大成建設株式会社勤務
　　　　　現在に至る
2014 年　博士（工学）（東京大学）

横山　栄（よこやま　さかえ）
1997 年　明治大学理工学部建築学科卒業
1999 年　東京大学大学院工学系研究科修士課程修了（建築学専攻）
2003 年　東京大学大学院工学系研究科博士課程修了（建築学専攻），博士（工学）
2005 年　千葉工業大学 特別研究員
2008 年　東京大学助教
2014 年　小林理学研究所勤務
　　　　　現在に至る

音 と 生 活
Sound and Life

Ⓒ 一般社団法人　日本音響学会 2016

2016年11月22日　初版第1刷発行

検印省略	編　者	一般社団法人 日 本 音 響 学 会 東京都千代田区外神田 2-18-20 ナカウラ第5ビル2階
	発行者	株式会社　コロナ社 代表者　牛来真也
	印刷所	新日本印刷株式会社

112-0011　東京都文京区千石 4-46-10
発行所　株式会社　コロナ社
CORONA PUBLISHING CO., LTD.
Tokyo Japan
振替 00140-8-14844・電話 (03) 3941-3131 (代)
ホームページ http://www.coronasha.co.jp

ISBN 978-4-339-01304-7　　（新宅）　（製本：愛千製本所）
Printed in Japan

本書のコピー，スキャン，デジタル化等の
無断複製・転載は著作権法上での例外を除
き禁じられております。購入者以外の第三
者による本書の電子データ化及び電子書籍
化は，いかなる場合も認めておりません。

落丁・乱丁本はお取替えいたします

音響入門シリーズ

(各巻A5判, CD-ROM付)

■日本音響学会編

	配本順			頁	本体
A-1	(4回)	音響学入門	鈴木・赤木・伊藤 佐藤・菅木・中村 共著	256	3200円
A-2	(3回)	音の物理	東山 三樹夫著	208	2800円
A-3	(6回)	音と人間	平原・宮坂 蘆原・小澤 共著	270	3500円
A-4	(7回)	音と生活	橘・田中・上野 横山・船場 共著	192	2600円
A		音声・音楽とコンピュータ	誉田・足立・小林 小坂・後藤 共著		
A		楽器の音	柳田 益造編著		
B-1	(1回)	ディジタルフーリエ解析(I) ―基礎編―	城戸 健一著	240	3400円
B-2	(2回)	ディジタルフーリエ解析(II) ―上級編―	城戸 健一著	220	3200円
B-3	(5回)	電気の回路と音の回路	大賀 寿郎 梶川 嘉延 共著	240	3400円
B		音の測定と分析	矢野 博夫 飯田 博一 共著		
B		音の体験学習	三井田 惇郎 須田 宇宙 共著		

(注:Aは音響学にかかわる分野・事象解説の内容, Bは音響学的な方法にかかわる内容です)

音響工学講座

(各巻A5判, 欠番は品切です)

■日本音響学会編

	配本順			頁	本体
1.	(7回)	基礎音響工学	城戸 健一編著	300	4200円
3.	(6回)	建築音響	永田 穂編著	290	4000円
4.	(2回)	騒音・振動(上)	子安 勝編	290	4400円
5.	(5回)	騒音・振動(下)	子安 勝編著	250	3800円
6.	(3回)	聴覚と音響心理	境 久雄編著	326	4600円
8.	(9回)	超音波	中村 儔良編	218	3300円

定価は本体価格+税です。
定価は変更されることがありますのでご了承下さい。

図書目録進呈◆